一座光打造的城市

赖雨农 著

辽宁科学技术出版社
·沈阳·

序一
Preface 1

相信很多设计师都会和我有一样的感受，对建筑的最初理解来自书本和课堂上对于经典建筑的分析与解读，学生时代的我会把这些知识当作无可置疑的信条。多年之后，当我在城市中看到这些真实的经典建筑的时候，突然感觉它们没有之前想象中那么神圣，它们旁边会有树、行人、汽车、电线杆，还会有其他房子的遮挡，它们不再是标本或圣物，而是城市环境中普通却生动的存在。

这种反差不仅出现在我个人的城市体验中，当我负责一个设计项目的时候，面对甲方业主，时常会对之前的设计信条产生一种深深的无奈和无力感。这些反差让我领悟一个道理，设计师的成长过程就是不断缩小这种反差的过程，成熟的设计师不仅具备与大众的共情能力，而且具备社会学和人类学的视野，在更高的维度中消除设计信条与现实之间的反差。

赖雨农（Uno）的书正是提供了这样一个视角，跟着他的行迹去接触、感知由光营造的城市氛围，进而阅读城市光环境背后的点滴故事，书中的描述呈现给我们一个真实的生活场景，而不是教科书上的专业教条，使这本书具备了很强的可读性，并引发共鸣。更意味深长的是，书中所展现的普通人的视角和鲜活的场景，实际上给设计师提供了一种设计辅助和思维工具，比效果图具有更加真实的现场感和实现感。

Uno 的工作领域从摄影到建筑设计，一路走来源自他对光和生活的热爱；从寻找光，发现光到构建光逐渐递进，他在设计中注入具有时尚感的美学品位，为光影赋予生命。同时，他的设计项目和作品很好地诠释和体现了建筑学的核心价值——场所营造，即用光进行场所营造并挖掘场所精神。

除了作为照明设计师之外，他还是滑雪、冲浪、健身达人，挑战极限、享受运动让他更加关注人性、体悟生活，这一切所造就的丰厚底蕴和个性从书中的字里行间映射了出来。

另外必须要说的是，作为国际照明设计师协会（IALD）全球董事 / 大中华区总协调人，Uno 为照明教育和年轻设计师的培养付出了大量的心血，他所践行的设计理念、设计作品以及生活态度使他本人成为年轻设计师的榜样。

常志刚
2020 年 9 月 8 日

中央美术学院视觉艺术高精尖创新中心常务副主任、教授、博士生导师
国际媒体建筑学会中国分会主任
北京城市规划学会视觉与色彩研究中心主任
中国绿色建筑与节能委员会委员
中国照明学会常务理事
中国美术家协会会员
中国美术家协会环境设计艺术委员会委员
中国城市科学研究会智慧城市联合实验室首席科学家
国家自然科学基金项目同行评议专家
国家艺术基金评议专家
北京照明学会副理事长
中国建筑装饰协会文化与科技委员会副会长

序二
Preface 2

看时光飞逝，而我们要向何处去？

时隔近10年，好友Uno终于要再出书了。

这10年间的变化，于他、于我、于我们周遭的世界，其波澜之壮阔，任何用来直抒胸臆的形容词都不太适用。

我想起来，就像我以前不愿意相信公主也会挖鼻屎一样，我也有一段幼稚的时间，觉得好看的皮囊大概总会一帆风顺。

命运自然公平地给出了残酷而美好的答案，他一路走来高高低低、弯弯曲曲，我有幸是他职业生涯里好些重要节点的见证者，于是在公在私，与光共舞要为他的这本沉淀之作策划，我要为他诚恳分享的这段历程中的各种碎片来作序吆喝，现在回过头看，那些高低与弯曲的跌宕，何尝不正为他的人生描绘出了崇山峻岭般的壮丽图景？

然而，你们在这本书中会看到只是他的所见所感中最有现实价值的部分，他就像一名沉默的园丁，即使双手满是老茧和被刺破的伤痕，他也只会给你看开出的花朵——这是他决心要坚持的优雅。

我对奢侈品牌并不热衷，但“Life is a journey”（生活是一场旅行），这句金句几乎是一直闪耀在我世界观中的航标。在书中，他用他在世界各地游走时扩展的视野，向灯光从业者公开了他在专业上的坚守和内心的诗意。对于并无直接专业关联的人而言，在一盏暖灯下，泡一杯热茶或咖啡，走进他带着你看世界的一段旅程，更加妙不可言。

我始终觉得，人生一路，旅途风景比终点更有意义。专业和诗意的生活态度，都实在太罕有，世界不应该是这样的。

在这个浮躁而碎片化的世界里，我一直坚信文字安静的力量，另一方面对那些成群结队熙来攘往的人所追逐的颠狂和绚烂充满怀疑。

所有光皆来自内心，愿你能与我一起，打开这位少年的“千帆过尽”，或许那一点儿亮光，也能让你窥见自己要向何处奔往。

梁贺（LEGO）
2020 年 9 月 11 日

与光共舞创始人 / CEO
云知光联合创始人
飞利浦新锐照明设计师
跨界设计师
毕业于中山大学岭南（大学）学院金融学专业
漫画《光头仔的夏秋冬春》《光头仔：你知道我是认真的》作者
广东人，现居北京

序三
Preface 3

人、文化与城市灯光设计

当代的城市灯光设计（又称照明设计）规划，不再只停留在创造视觉上的感官体验，城市灯光还可以传递某种特殊的信息，达到更深层的、与心理层面有关的城市集体疗愈作用。

从 21 世纪的当代角度来看城市灯光的发展浪潮，大致上可以分成下列几个阶段。

最早，在人造光源刚发明的工业革命时期，油灯变气灯，因为发电稳定，所以进入电气时代，那时候的灯光是功能性的。当时，大家没有想过灯光是必需的。随着城市规划与功能需求的改变，各大城市才慢慢开始在马路上设置路灯，并且产生规范，定出一套标准。在这个阶段中，灯光是为了满足城市的功能性与安全性而存在。

渐渐地开始有人注意到灯光除了照明的功能外，还必须有美化、改变环境氛围的功能。这时候，追求亮度已不是问题，因为大家都可以很亮，甚至想要多亮就可以多亮，因此也产生了环保议题。此时，有些人也开始思考灯光根本不需要这么亮，因此灯光的色阶与色温究竟该达到什么程度，成为第二阶段面临的问题。

第三阶段，也就是现在我们遇到的问题。如何让灯光成为非用过即可丢弃的，甚至是可持续性的，是从第二阶段衍生的环保议题之一。除了不要让光害影响到天空、自然生态之外，更重要的是我们使用的灯光是否有可持续性，对人类健康有没有益处；甚至思考灯光的设计是否具有艺术性，这对人的心理健康（情绪）是不是有帮助的。城市灯光从被需要、强制，衍化到现在，变成一个内化为必需的，甚至能否以更好的形式存在的，兼具美感与心理治疗作用的城市规划项目之一。

从几年前开始，包括伦敦（2016 年）、纽约（2017 年）、上海（2018 年）等大城市，陆续举办了大型的国际灯光竞赛。无独有偶，这 3 座城市都沿着河流发展，因此国际灯光竞赛皆以河岸的灯光规划作为竞赛的主题。

其中伦敦泰晤士河沿岸的灯光竞赛，由曾经成功改造过美国金门大桥的照明设计师利奥·维拉里尔赢得，以兼具功能性、美观与艺术性的概念改造泰晤士河沿岸 8 座桥的灯光设计。金门大桥是利奥的第一个艺术改造灯光作品，当时是为了庆祝金门大桥建立 60 周年，他设计了一个灯光装置艺术作品。有史以来，这是第一个在如此大的建筑物上永久性地放置灯光装置艺术的案例；从艺术的角度来看，这也是一个成功的城市灯光设计作品，开启了当代的新灯光浪潮。

而纽约哈德逊河沿岸的几座大桥的灯光设计，在 2017 年发包，2018 年全部亮了起来。上海黄浦江沿岸 40 千米的灯光改造，野心更大，不仅有桥，沿着江的两岸都要亮起来，吸引了所有人的目光。

从上述的例子，我看到的是，灯光在城市里扮演的角色一直在改变，这个浪潮已经停不了了。现在，我们知道灯光是城市不可或缺的一项元素。因此，要思考如何让灯光更有机，更与城市的肌理相结合，有一个艺术化的出口，这是现在所有城市都在思考的议题。

城市的灯光设计，已经超越了需要与美观，涵盖更多心理层面与艺术性的因素，甚至对生活在这座城市里的市民具有疗愈的作用。

不同于建筑是一座无法移动的固定对象，灯光可以随着不同的时间、不同的人而创造各式变化，不是制式不变的，而是有机形态的呈现。

以金门大桥为例，当初的规划只想给大桥做些粉刷和彩绘。但利奥提出了增加灯光设计的构想，依据周围环境的各项数据，例如桥上的车流量、当天的天气数据、潮汐、风速等因素一层一层地叠上去，灯光因此产生不同的变化。这样的设计，让人即使在海湾边站上一个小时，都不会看到相同的灯光。原本这个设计两年后就会拆除，经过旧金山市民投票后，变成了城市永久的装置。这是一个城市社会运动的成功案例。

台北市则有城市地标台北 101 大楼。在我重新规划设计台北 101 大楼的灯光时，我提出这栋建筑要成为市民心理上的中心的概念。我保留了台北 101 大楼外墙原有每天使用一种颜色 LED 灯的模式，但不是亮灯的时候都固定采用那个颜色，而是在每个整点时刻才出现。另外，在大楼外墙上，安装了一个 LED 投光屏，用以传递当天发生的重要事件及与市民交流沟通的信息 (禁止任何商业广告)，例如 2017 年 8 月的世界大学生运动会或 2016 年的台南地震。未来，灯光甚至可以与市民互动，以灯光来传递大多数市民当天的心情状态。

灯光设计也可以活络城市旧街区的地貌与商业活动，例如台北市的北门更新。甚至通过实验性的探索，短暂性地改变城市的灯光设计，例如，日本灯光设计大师面出薰发起的，在世界各大城市中定期举办的 TNT 国际灯光侦探团活动。

不论城市灯光设计的终极目的是什么，以城市的人与文化作为设计的出发点，都是当代城市灯光设计的重要原则。

赖雨农

写于 2020 年

导读
Introduction

只要有光，就能帮助我们记住一座城市

人类群体生活造就了城市的出现，而当今，地球上就有超过52%的人口居住在城市里，当一座座城市如星点般散布各处，除了名称各异之外，该如何明确分辨每一座城市？相信，除了白天欣赏建筑景观与人文风情，入夜后欣赏万家灯火的夜景也会是一个好方法，让人能够通过感官体验，细细品味不同群体掌控灯光的脉络与习惯模式。

2015 年摄于温哥华

飞机着地前的那一个画面，总能给人留下对一座城市的光最初的印象。如果乘飞机在夜里抵达一座城市，无论是旅行或回家，我们在降落前一定会透过舷窗，惊叹华灯齐放斑斓纷呈的美丽夜景。当居高临下看着万家灯火时，视线沿着井然有序或蜿蜒曲折的道路蔓延开来，起初只能隐约通过有秩序的光点，摸索关于这座城市的轮廓，此时，不管是纽约、东京或台北，从这个角度看来几乎是一样的，然后随着飞机高度渐渐下降，开始能够看见高低不同、错落有致的房子、街道和公园，光点也逐渐变成或白或黄不同样式，城市肌理变得清晰且具体，此时我们能够一眼辨认这座城市的独到之处，或者至少辨别出是自己居住的城市。

每座城市的夜景是否各有千秋？答案是肯定的。不然，也不会有日本札幌引以为傲的“百万夜景”，香港维多利亚港可作为明信片素材的璀璨夜色，或者纽约曼哈顿日夜都让人屏息的壮阔天际线。然而，人工照明技术的发明和演进，无论是光源、灯具或者灯型，在不同国家其实没有太大的差异，在这样扁平化的趋势下，我们该如何创造每座城市的独特夜景呢？

2015 年摄于纽约

在印象中，城市的日景与夜景，有着相同举足轻重的地位。在已经无法脱离人造光源的现代都市里，光早已经是建筑之外另一个重要的必备元素，甚至可以左右城市的吸引力与旅游业。日本文学家谷崎润一郎在其著作《阴翳礼赞》里，曾经深刻描述城市的光。内容大意为，一开始城市需要光，只是为了安全，要照亮街道，让居民可以在夜间外出，不会因为看不清楚而发生意外。渐渐，明亮的城市街道，代表一种文明的进步，例如犯罪率会因此下降，于是全世界“顶尖城市”纷纷开始追求明亮的街道。紧接着，光从街道蔓延到建筑立面，从建筑扩散到广场，甚至从广场蔓延到公园，直到整个城市都亮了起来。

一开始，城市亮了起来，不确定是好事还是坏事，毕竟人类都需要光来确保出行安全；直到有些城市使用光的方式过了头，我们开始觉得人行道上的广告灯箱刺眼，觉得漫射进屋里的路灯扰人……渐渐，我们已经失去了夜晚，无法真正安宁休息。

更糟糕的是，一些发达国家的城市，诸多地标建筑在入夜后全被披上不恰当的光感彩衣，热闹有余，几乎无法将眼前景象跟白天样貌联系对照。这些哗众取宠的灯光秀，不仅让城市失去该有的留白喘息，连人类的生活节奏也被迫急促起来，我觉得更糟糕的部分是这些过度的光害，还让不同城市之间的夜景失去差异性，没有了城市独有的个性与文化特质，也失去了吸引人的特色。

我们大多数人都生活在城市里，未来也会有更多人搬进城市居住，也因此，城市一直是我相当感兴趣的话题。对我来说，城市不仅是立体 3D 的空间模型，借由时间酝酿发酵，也是文化的载体，让历史文化刻画出迷人痕迹，造就一幅又一幅耐人寻味的城市风景。

在不同的城市间游走，除了了解城市的历史文化，也可以浏览那些令人感动与惊艳的灯光。当然，有可能看到的是令人不悦、恼人的灯光，但无论好坏，这些堆积在一起，终究形成一座城市的夜晚印象。只要有光，就能帮助我们记住关于一座城市的细节脉络，毕竟光之于建筑，就像硬件和软件互相搭配支持着，再感性一点儿说，光像是建筑的肢体语言，在刚硬外表下展现柔性的一面，要说诗意也行。于是，用夜景来观察城市文化，用灯光来细细品味城市个性，肯定

2015 年摄于香港

2015 年摄于温哥华

是一趟新奇的感官体验。

这本书正是长时间以来记录我在各个城市之间穿梭进行的“光旅行、光观察”，通过专注的追光行动与亲身的感受，发觉光照亮的不是只有城市的外观，更折射出一座城市与自己的历史文化相处的内在反应。

阳光因为地球的自转和公转，带给不同纬度的城市多样且丰富的天光变化，又基于日照长短、照射角度的不同，乃至于气候变化，一年四季都能够沐浴在恣意流转的多层次光环境里。

然而，为什么当我们接手进行城市光环境创作时，总是安于一成不变或者大同小异的灯光情境呢？我始终觉得每一座城市应该有属于自己的光文化，就像每座城市有独特的历史脉络和生活形态一样，随着文化差异、居民生活习惯和时间的演进，不同城市的内在构成元素，反映出的建筑形态以及应运而生的夜景，都应该是无法被复制和取代的。

未来，你我想要一个什么样的城市光环境，想要看见怎样的城市夜景，不能只仰赖建筑师、照明设计师或政府，而必须从培养每个公民的自觉性开始，打造尊重自然、适合万物共生共存的光环境。

目 录

01 城市用光的得到与失去
02 发展中的城市光景
03 东西文化的光“点”

第一章

光与我们

01

城市用光的得到与失去

TO LIGHT, OR

NOT TO LIGHT?

2015年摄于纽约

After Dark（在黑夜降临之后），指的是太阳下山之后的时间，当我们的生活空间失去了主要的光源的时候；既然如此，那为什么不是 After Light （在天亮之后）呢？会不会有可能是在人造光源全面占领我们的生活空间之前，想象我们还在依赖微弱的烛火、油灯的时代，在太阳离开之后，总必须经历一小段黑暗，眼睛才慢慢适应接受了微弱的烛光造成的光环境，走在城市的街道上，几盏零星孱弱的油灯无法跟仅仅反射太阳光的月亮的光媲美，那时候的夜是暗的，而我们似乎是拥有黑夜的。直到电气化光源逐渐取代所有的照明，一栋又一栋的建筑在夜里被标示出来，一座又一座的城市被不眠地点亮起来，夜晚不再是日夜的交替，转换情景的概念，而是一个无缝的延续，甚至很多空间、建筑、城市，在白天就开着灯，于是我们渐渐忘记了黑暗是什么，也觉得黑暗可有可无，人类跟黑暗的战争终于取得了最终的胜利，将黑暗永久地驱逐出我们的城市。直到有一天我们发现曾经平凡如空气般抬头可见的月亮，被刺眼的路灯掩盖住了；曾经数着流星，拿着望远镜试着找星座的浪漫，看着壮阔星空感受到的无垠悸动，甚至那时觉得的人类的渺小谦卑，现在也一概被五光十色的城市夜景替代了；失去黑暗的时代，我们的确得到了不少，但是似乎失去得更多。

一个燥热八月天的纽约午后，和平常日子没有什么两样，从办公室里传来嘀嘀嗒嗒敲打键盘的声音、空调的风声和隐约的人声对话，每个人都盯着自己面前的那个小小计算机框框，无止境地追着一个接着一个的 Deadline（截止日期）。这是一个典型的纽约设计公司的办公场景。

突然眼前的框框画面一黑，伴随着此起彼落的尖叫和咒骂声，划破了原本的场景。所有人包含我自己在内，第一时间马上努力地回想刚刚正在使用的文档，上一次存盘是多久之前，计算刚刚有多少进度没有存盘，损失了多少时间；而不是追究到底为什么停电了。纽约不经常停电，但是停都停了，追究也没有办法挽回尚未存盘的文件啊！10分钟过去，我已经悻然地掌握了我失去的文档，还好不严重，才转头开始关心什么时候恢复电力以及为什么停电。

很快地发现不是办公室的问题，也不是大楼的问题，走到窗边，看见对面大楼的办公室也都停电，而街道上已经满满都是人群，手机信号消失了，有些人开始慌张，有些人则是窃喜，大概下午是要休假了。这时，大家才开始认真看待这个后来竟然成为北美历史上，规模最大、影响人数最多、历时最久的大停电。

2003年8月14日，由于加拿大一个电厂和输电线路出现问题，造成北美大停电，超过两万平方千米的地区，包括美国和加拿大共有5000多万人受到影响。等到全部电力恢复供应，已经是10天之后的事了。经调查，官方公布的停电主因，是树木没有修剪，造成输电线路的短路，进而引发大规模骨牌效应。后来至少一个月，全美国的脱口秀、新闻节目、报章杂志全不意外地拿停电的话题来揶揄或做文章，因为相比于这次停电的规模和范围，这样一个“树木没有修剪”的理由，确实像是个玩笑。

北美大停电那天，公司提前宣布下班，没有了电，连不上网络，现代的办公室似乎已经没有了什么剩余的功能价值。刚刚窃喜的人虽然称了心，但是很快也笑不出来，因为这个高度现代化的城市没有了电，根本就是世界末日，没有地铁，没有商店，路上交通瘫痪，根本等同灾难片场景。我和几个同事盘算一下，打算徒步先走到住在曼哈顿市中心的朋友家避避难，等到晚一点儿地铁恢复营运再回家。这时心中稍稍庆幸不是住在皇后区或布鲁克林区，因为有几个同事没有选择余地，必须徒步走布鲁克林大桥跨越东河回去。

走在纽约不太寻常的街道上，气氛相当诡谲，似乎随时有什么事情要爆发，轻微一点儿可能是商店被抢，严重一些会怀疑是否会有个莫名的大爆炸。那时的我们，其实并不知道到底发生了什么事，商店铁门已经都降到一半，路上行人不安和警戒的表情完全表现在脸上，没有交谈，也不像平时那样快步昂首地走路了。那时纽约人刚刚经历过“9·11”事件不久，有很多人还没有从低潮中走出来，大家内心里深深地害怕这会不会又是一次“9·11”事件。我算是幸运，只走了一个小时就到了朋友在切尔西的房子，几个朋友坐在客厅里，没有冷气，于是打开窗户；没有电视，便开启收音机；没有办法工作，也不能打电话，索性开了瓶红酒，大家有一句没一句地聊了起来。不记得过了多久，地铁才恢复运营，我打算动身回家，出了朋友家门，发现天色已暗，便看到了此生难忘的场

2015 年摄于纽约

景——一个没有了光的纽约。

1996 年我为了圆一个自己的梦，向家里“申请”了一个游学贷款，一个人只身来到纽约，过了 3 个月的纽约生活，飞机是晚上到的，当出租车从桥上要进入曼哈顿的时候，整个纽约的天际线夜景从地平线缓缓地升起来，我如获至宝般地看着帝国大厦、克莱斯勒大厦、花旗银行大厦……努力地辨识着每一栋我在图片中看过的大楼，那是我日夜向往的纽约天际线，每栋大楼都美极了，透过窗户的光像是繁星向我眨眼，比照片、电影都要真实，我非常激动，那些经典画面就此成了我心目中的纽约印象。纽约就是一个光搭建起来的城市，夜再晚，总会有不同的光在城市里游走，照亮城市的建筑、广场、街道、招牌，全面映像在人的眼球里，嚣张又不失猖狂。光，就像纽约的自来水，拧开了就哗啦哗啦一直来，而且不收钱。

你无法想象没有了光的纽约，因为没有哪一个时刻，纽约是没有光的，除了现在。我完全被眼前的画面震慑住，惊讶到有点儿不知所措，就像有天你回到家，发现家具被搬光了的那种感觉。没有了光的纽约，还能叫纽约吗？我不知道怎么愤愤地自言自语了起来。

经常听到有人说纽约的夜晚比白天美，一来可能是令人兴奋有趣的光实在太多，二来更多有趣的活动都只有在夜晚才会发生，当然你得去到对的地方。但是无法否认，纽约的夜晚不是拉斯维加斯的那种璀璨奢华，也不是旧金山的那种浪漫，而是充满了纽约的自成风情。从下城到上城，从大道到小巷，从时代广场到唐人街，都有自成风情的光，但没有特别突兀、明亮或黑暗，总体还是很和谐的一个调调，或许这和纽约的移民文化有很大关联，在不同的区域住着不同的移民，诉说着不同的文化，以块状的有机体铺排开来，成就了纽约多层次的光环境。或许纽约不是我心目中最美的光城市，但是绝对是最丰富的光城市教材。

2015 年摄于纽约

发展中的城市光景

02

LIGHTSCAPES

2015年摄于温哥华

一个世纪以前，当我们谈论城市的组成要素时，灯光大概不会名列其中一项，因为那个时候人造光源尚未发展到现今这么可控的形态，光线的取得和控制，都没有那么容易，城市的夜晚生活仍然靠有限的油灯与蜡烛照亮，城市的路灯概念还没有全面实施，更别说城市照明。

因此我想象：当时人们认为夜晚充满了恐惧的阴翳，因此过着日出而作、日落而息的生活，会尽量在白天把该做的事情做完，赶着在日落前回到家里，而那时在客厅壁炉里已经生起堆火，厨房灶头也正噼里啪啦迸出炙热火光，加上几盏白天舍不得点亮的昏暗（对现在来说确实是昏暗）油灯，让人不由自主地卸下白天的烦躁和压力，安心且安静地准备饱餐后遁入梦乡。至于在外头街道上，相对于屋内有温暖火光，虽然只有油灯隐隐吐露着微弱光线，但是人们抬头仍然可见点点繁星，如果置身城市边缘或者公园等空旷场所，在有月光的日子，大地更是被照得闪闪发亮。

不能确定是否是夜间的商业行为愈来愈普遍，所以需要更亮的城市，还是因为人造光源愈来愈普遍，带动了夜间商业行为，这实在太像“先有鸡还是先有蛋”般难以定夺。但可以肯定的是，无论哪一个是因，哪一个是果，人类居住的城市，在钨丝灯泡发明一个世纪之后的今天，已经不再有所谓的夜晚，灯光在数不清的街头巷尾间流转，从卫星看地球，璀璨繁华的城市，一个亮过一个。

如果建筑大师勒·柯布西耶有幸看到这一幕，可能会激动满怀，因为当初他笔下的光辉城市竟然成真！将近一个世纪之前，全世界都着迷于城市规划和兴建，以应对快速发展的城市化趋势以及大量涌入城市的人潮。

身为建筑师的他，曾经天马行空地用素描勾勒出他心中想象的一座没有黑暗的光辉城市，这座城市最大的特征，就是在正中央竖起一座巨大铁塔，顶端装设大量高瓦数的弧光灯，像是一个人造的太阳向整座城市放光。当时几座比较先进的城市，包含纽约、伦敦已开始采用电气化路灯取代油灯，因此不意外，他想象着把这些路灯的电力集中起来，可以打造成人造太阳，在真正的太阳下山之后，我们便升起自己的太阳，如此一来虽然日夜继续交替，但再也没有阴暗漆黑了。

光辉城市的草图现今看起来，像是描绘埃菲尔铁塔矗立在巴黎市中心的景象，唯一不同的是顶端那个人造太阳。当时提出来的这个想法堪称前卫新颖，但没有得到太多支持，可能碍于兴建成本与执行难度，也可能当时电力有所限制。不过从今日现实层面来看，如果当时真执行了，结果可能不会是一件好事，因为光是想象，一个离我们那么近的人造太阳，直射出来的光线不太可能均匀地洒落大街小巷，反而会过于强烈刺眼让人难以直视。

加上这个人造太阳不能随时间改变位置，失去了让时间运转流逝的感受，随着城市持续发展，一栋比一栋高的大楼接连出现，难不成每年都要将铁塔往上垫高一百米？更何况一旦城市失去方向感与时间感，光线难以突显建筑特色，城市不再会是我们认识的有趣多元模样，因为每当到了晚上，都呈现如出一辙的光景，那是多么无聊啊！

东西文化的光“点”

03

LIGHT PERCEPTION

ACROSS CULTURES

2015年摄于威尼斯

在欣赏阴暗这件事情上面，西方和东方明显有不同的感知视角。在西方文学作品当中，人们很容易察觉阴暗是比较不美好的象征，当然歌咏阴暗的文学不是没有，但总体仍归纳出阴暗代表邪恶、落伍的一方，而明亮代表了能量、上帝的爱，也是进步的象征。因此不难理解，西方的思维总是想打败或赶走黑暗，创建一个只见光明的美好世界。

然而在东方诗词、文学或艺术美学之中，不管是对月亮的崇拜或对夜晚的种种感知，都经常成为主题焦点，并且不只在中华文化里出现，亚洲各国也都有不约而同的描绘阐述。像是日本文学大师谷崎润一郎就在《阴翳礼赞》里提到：日本人对于漆器的热爱，源于漆器就是一种必须在暗黑环境中才能欣赏的美。又譬如东南亚的泰国以及邻近国度，许多庆典会在夜晚举办，这已经流传好几个世纪了，而且比起白天的庆典丝毫不逊色。

摄于 2014 年

可能也因为如此，在唐朝、宋朝等大兴建筑、城市规划的朝代，似乎没有想要击退夜晚的意图，反而将高挂檐梁的灯笼取下，改由打更的更夫提着，巡走城市以及皇城的每个角落。同时民宅也刻意对应围墙的高度开扇窗，将映照在围墙或屋檐上如皑皑白雪般的月光折射进屋，兼顾观赏与实用性。由于中国几个重要的朝代，对待大自然采取顺应而为、非抗衡的态度，顺势造就了中国人比较先进且优雅的用光习惯，或者可以说是对自然比较无害的做法。

我曾经和建筑师讨论过何谓中国的光。光，从地球形成时就有，任何文明都有关于光的描述以及对光的想象。可以推论出在没有人为光环境的时代，人类还是用比较被动的方式感知光，但一进到人造光源的时代，人类可以控制光，又可以创造光环境，对文化的影响就变得显著，特别是建筑形式也绝对受到了光的影响。像中国建筑属于梁柱系统，窗户和墙并非用来承载重量，因此大型建筑可以全面性开窗或开门，以北京故宫来说，几个主要大殿四周几乎都是可以开启的门，关门后上半部也是镂空的窗棂，除了有视觉穿越、确保通风等作用，当然也是希望强化室内采光。因此可以想象如果不是深堂大殿，无论中式建筑在哪个季节中，阳光都可以由四面八方流泻而入。

光是这点跟英国城堡相比就有极大差异。中古世纪欧洲的城堡多是石造建筑，目的是防御、保暖与防火，往往建筑墙身可以厚到一个人躺下来的宽度，这样的墙身明显不适合开设大片窗户，导致这些城堡在白天，室内充满了明暗对比反差,因为为数不多的窗户以及采光面不大的配置，很难营造明亮气氛。当然玻璃被发明之后，为西方建筑设计带来了根本改变，采光这件事因此变得相对重要，但我相信欧洲人看待光线这件事

摄于 2014 年

情，压根儿跟中国、日本或其他文化有明显不同，而这也影响到在人造光源介入我们的世界之后，我们使用灯光的方式以及我们造就的光文化。

建筑形式在不同国度里所呈现的手法，也会因为烹煮习惯、气候条件和建材取得等因素有所差异，不止限于文化美学上的分歧。相对之下，现代光源的发展则是不分地域的，所有灯具类型可以说是大同小异，但因为每座城市有着各自的文化特色，得以衍生出不同的灯具使用习惯，造就不同的城市夜景。如果能够再仔细去品味，会发现每座城市从建筑、街道、广场、车站，甚至到沿街的店面，灯光的亮度、光色与光质都大相径庭，我认为这就是观察一座城市文化最好的渠道，也是城市旅行最有趣的地方！

不禁回想到 1999 年的冬天，那年我还在纽约读建筑照明硕士，和几个同学在刚下过雪的纽约街头上疾走，是为了交一个叫作“照明日志”的作业，因而不分晴雨地奔走在城市的各个角落间。每个礼拜记录两个我们觉得好或者不好的灯光设计案例，那时候真觉得是一种压力，找到了地方，拍了照，晚上还要回去做分析，说好在哪，不好要怎么改，再做成日志。但是事后回想起来，这个经验，让我真正认真地“看”过纽约这个城市的很多建筑，因为很多时候，我们拜访一个城市，甚至在一个城市生活，却不见得仔细看过这个城市，更何况是它夜晚的景致。

如果当初利用人造太阳消灭黑暗的想法成真，每座城市都竖起高塔，在夜间散发刺眼的光芒，照耀着纽约、伦敦、巴黎、东京或北京等大城市，那地球会多乏味！如同当年引领设计潮流的国际主义风格建筑形式，曾经因为极简现代、无地域色彩、有效缩短工期、大幅降低预算和室内空间使用效率高等优点被大力推崇，许多人一度期望居住的城市盖满这类建筑。幸好这个念头在反刍省思中慢慢被遗弃了。大家意识到建筑不该只强调功能性，还必须牵系记忆情感才能获得认同。看看知名快餐店、咖啡厅等连锁企业，都试着让不同地区店铺的融入地方特色，便可知道维持单一性只是解决短期问题，唯有因地制宜和因时制宜，才能建立长久吸引力。

看着千篇一律的城市灯光景观，现代人可能会怀念且羡慕《马可·波罗游记》的那个年代。每当人们千辛万苦地抵达远方异地，离开了自己所熟悉的语言和环境，进入不同城市看尽不同人文景观，就等于投身在极大的生活差异与风俗冲击之中，这不仅印证一种勇气和选择，也丰富了生活感官与生命价值。因此，灯光也应该保存各种城市的独特个性，而不是通过手段达到一致。

然而无可避免，我们享受着光的美好和便利，也希望有更多时间可以在夜间自由活动，甚至想要更多的光来细细品味我们兴建的伟大城市，于是一座又一座由光建立的城市，在世界地图上一一被标示出来，其中某些已经发展过了头的大都会没有打算停下脚步，因为还有更多的城市极尽努力想迎头赶上。这样的情况，让无尽的黑夜成为过时的陈腔，终日不打烊才是当下的时髦。现在，你我都生活在世界上某一座光雕城市里，过去所预言的景象在某种程度上全数成真，拥有光不但不再是一种奢求，在科技方面，人们对亮度的追求更促使这方面的技术已达到为所欲为的地步，那么城市的下一步会往哪发展？在未来，我们又渴望住在怎样的城市里呢？

如果把城市只看作是无数栋建筑的组合体，或许我们可以不在意多亮才是亮，因为它们就像城市发展的纪念碑，应该永远有光照耀这群“暂时不朽”的建筑，才能借此缅怀表达我们害怕失去它们的念头。但是当一座城市不只有建筑，还加上城市居民以及其他动物、植物等成员时，那么一座城市为什么需要光？我们需要多少光？这就不只是点亮这么简单了。大自然的光，从来也不只是简单的“发亮”，在照亮大地的同时，会因为时间的流转有明暗反差，构建出适合生物栖息的环境，于是到了人造光源时代，我们凭什么忘却了光线本来具备的生命动态起伏，只准许光不断地强势挤压所有生物的休息空间？难道城市不是我们最重要的栖息地吗？

第二章

光与建筑

不同的建筑，不同的照明

01

LIGHTING PERSONALITIES

FOR ARCHITECTURE

2015年摄于纽约

城市里不是所有的建筑都需要打亮。城市之美在于你看的点、线，我们不需要看到整个面，你自然地会将它们连接成一个完整的面。但当你将整个面都打亮的时候，就失去了它的美感，因为看起来全部都一样。全部都亮了，跟全部都没亮的意思是一样的。

以建筑的角度来看，什么样的建筑需要、可以、必须被打亮？这些是做灯光设计之前要先评估的，其次才要思考究竟要多亮，该如何亮。当这栋建筑根本不需要亮的时候，就不需要设计灯光。城市里有些建筑是不需要那么亮的，比如说住宅。我接的项目少有住宅项目，如果有的话，灯光也只会轻轻带过。

住宅建筑，对我来说是最不需要灯光设计的，会被我排在最后。住宅应该是安全、有隐私感的，当它亮起来了，就没有私领域，而亮起来后，也可能产生“电费谁要付？”“为什么要被看到？”等疑问。除非这栋住宅很特别，比如说位于热闹商业区，类似半公开的状态：下层是酒店，上层是住宅。因此住在里面的人可能非一般居民，这样的情况下，是可以做灯光设计让它亮起来的，也可以有区别地设计，不要像四周的商场一样亮。

但如果是地标性的或商场类的建筑，必须、或希望被看到，例如台北101大楼是要让整座城市的人，无论在什么地方，哪个角落都可以看得到它，就必须达成这个目的。因此灯光的亮度与角度，辐射的范围必须够广够远，无论站着、走着、坐着，也无论在何处都可以看得见，这就是地标性建筑的特质。

另外一种是街廓性的亮度。不一定要像地标性那么亮，但人走到了这个街廓时，就知道这是个商场，是可以进去的。为商场设计的灯光，不一定要很亮，但要传达对的信息，通过颜色、色温吸引人，让人觉得里面有什么，或正在进行着有趣的活动，吸引人想进去看。

在做城市的灯光设计时，如果将城市的道路拉出，基本上亮的路和房子通常会集中在一起，所以可以轻易地拉出城市的肌理。不过倒也不是说暗的地方不会有房子，而是那个区域的光不需要很亮。过去的城市规划，会是每个角落的亮度都是一样，但现在新的做法是，使用率越高、速度越快的地方会越亮，而慢慢离开使用率高的热闹区域后，便会渐渐变暗，合理又符合大自然的需求。

城市的亮度必须和使用率、发展程度成正比；越富裕，发展越发达的城市会越亮，如同上个时代，越有钱的人家里就会越亮。城市也一样，经济发展越快速的地方，建筑照明与街道路灯就越亮。但我们还是必须回到一个思考点：光是为人服务，为人所用的。是不是有这么多人在用光？这是我们在进行建筑灯光设计时要思考的问题。

城市地标

02

CITY

L A N D M A R K S

2015年摄于纽约

┐

城市中最需要灯光设计的建筑，包括高塔、地标、市政厅、观赏用的景观桥梁等，可以勾勒出关于城市的印象，帮助游客记住这个城市，帝国大厦、台北 101 大楼都是这类型的建筑。

其实，一般建筑的外立面并不需要添加太多颜色，因为建筑本身已经有颜色，光也有颜色，硬是要再加上其他颜色，并不恰当。唯独在地标性的建筑上可以，但也不是全部都可以。这些地标性的建筑之所可以稍微带点儿颜色，因为是城市的中心或注目的焦点，颜色可以让人留下印象，赋予城市个性特色。

就像是东京晴空塔，它所在的区域很适合有一栋亮眼的建筑，因为那附近其他大楼都没有颜色，因此很特别；但是相对而言，埃菲尔铁塔则完全没有颜色，以橘黄为主，辅以白色的闪光，法国人对美学有其独到的品味观点，两个颜色单纯、干净、简单，大气、地标性反而显露无遗，尤其是每半个小时闪一次灯的变化，比起那些花了很大力气一直变色却没有重点的设计，更吸引目光。

至于说到帝国大厦，它可以说是地标建筑照明的始祖。在 20 世纪 80 年代初期，帝国大厦便开始通过灯光突显地标地位，但一开始的设计并非每天变换颜色，因为每每更换时都需劳师动众，很费工费时地为每一盏灯换上色纸，直到 2012 年才换成 LED 灯，进入新的时代。

在我还居住在纽约的那段期间，帝国大厦跟世界贸易中心，是最重要的两个地标建筑，只要往上抬头，看到帝国大厦就知道是往北走，看到世界贸易中心就是向南走。以它们的高度与地位而言，确实需要灯光作为

2015 年摄于纽约

标志，受到人们的注目。所以可以说是因为帝国大厦，让我爱死了地标建筑的光雕概念，不仅很浪漫，也承载着整座城市所有人共同的记忆。

还记得 1998 年世界杯足球赛法国夺冠的那晚，正值大家用餐的时间，外头街上突然欢声雷动，一群人蜂拥上街喧嚣狂欢，正当疑惑是哪国的队伍获得冠军时，抬头一看，不远处的帝国大厦已经换上象征法国国旗的蓝白红 3 种颜色，顿时整个曼哈顿街头也为之疯狂，依稀记得还听到法国国歌的大合唱。

以前的人大概从来没有想过，一座城市里的一栋大楼，只用灯光不仅可以改变城市的样貌，还可以牵动城市居民的情绪，吸引着每个人引颈期盼，每到入夜华灯初上，就想知道今天帝国大厦的灯光是什么颜色，或者看着它，猜想今天是什么节日。建筑的灯光突然不再只是一个不起眼的配角，反而变成一个城市的精神象征。

案例 1 | 帝国大厦——见证历史，点亮希望和梦想之光

位于纽约第五大道和 34 街的交叉路口，堪称世界十字路口的红绿灯——帝国大厦，可以说见证了纽约历经近一个世纪的风起云涌。

帝国大厦是在美国经济起飞时期决定开始建造的，因此为了塑造国富民强的形象，施工阶段仅仅花费 410 天，接着于 1931 年 5 月 1 日，由当时的美国总统赫伯特・胡佛，在华盛顿特区按下点亮帝国大厦的灯光开关，这栋带有传奇性的建筑物，正式落成启用。从这一刻起，虽然美国遇到史上时间最长且影响最大的大萧条，但帝国大厦仍是世界史上的最高建筑物，并且拥有此头衔时间最长，而且一路以来的灯光布局，更足以印证近一个世纪建筑照明的演进轨迹。

1933 年为了庆祝小罗斯福当选总统，大楼外观安装了临时性探照灯，打在建筑顶上的光，方圆 50 千米内都可以清楚看到，据说这是第一次有建筑在外观上装置装饰灯具，从此开创了帝国大厦善于运用灯光传送信息的特色。

1956 年在大楼顶部再安装 4 盏探照灯照亮建筑物，主题为“自由之光”，呼应帝国大厦作为自由土地——美国的象征。

1964 年，对纽约乃至于美国来说，都是十分具有意义的一年，这年的 4 月 22 日，纽约举办世界博览会，主题为“通过理解走向和平”，强调在时局动荡不安的情况之下，国际应该要求理性与和平的心声，恰巧展期前几个月，当时的美国总统肯尼迪遭遇刺杀，全美深陷哀痛之中，所以通过这场国际盛会，除了展示 20 世纪中期的未来科技愿景，也对当时气氛低迷的纽约市产生鼓舞作用。而帝国大厦也选择在此年，正式安

装建筑使用的投光灯，取代先前的探照灯，希望从此之后无论世界时局如何演变，永远能够以光的表现为世界议题发声。

1973 年 11 月，为了响应当时美国的能源危机，帝国大厦全面性临时关灯，这个关灯活动一直持续到来年 7 月 3 日美国国庆前夕，才又重新点灯。

1976 年，为了庆祝美国建国两百年，设计师道格拉斯·利提出计划，将原本的白色光源更改为彩色光，于是当时采用了在灯光前面放置滤色片的方式，创造出红、白、蓝三色，代表美国国旗。从此之后，不仅帝国大厦披上了彩色灯光，也开启了大楼“用彩色光说故事”的潮流，如同

2015 年摄于纽约

2015 年摄于纽约

来年 1977 年，为了庆祝纽约洋基队获得美国职业棒球世界大赛冠军，大楼外观点亮了蓝、白两色。

1984 年，建筑塔尖也换上可以变色的灯光设备，塔尖放置高 2.44 米的直立日光灯管，建筑每面由一层 4 组，共计 11 层堆栈陈列，每组共含红、绿、蓝、黄、白五色。底部则由横向日光灯管组成，共计 44 组，并且在 103 层的大楼上以环状排列方式安装高压钠灯，呈现环状金光效果。自从大楼顶层灯光改为半自动变色之后，帝国大厦通过定期展示不同颜色来传递公共信息，举凡情人节、万圣节、美国独立日，都有相对应的场景颜色，甚至遇到特殊活动，也能看见帝国大厦使用灯光，别出心裁地说故事。

2012 年，帝国大厦为塔灯量身打造 LED 灯[1]灯光系统，并且选在 11 月 26 日晚间与电台联机，随着音乐播放同步上演一场 LED 灯灯光秀。这场向世界献礼的灯光秀晚会，通过计算控制，使灯光达到实时与多变的效果，更展示了照明领域的卓越进步与未来趋势。

负责管理帝国大厦的马尔金控股公司总裁安东尼·马尔金，在这个史上首场灯光秀登场时说道："帝国大厦的灯光是纽约市天际线的国际符号。"从帝国大厦落成至今，总是在永不入眠的纽约市尽情绽放光芒，并且替更多怀着梦想的人，点亮一盏永不褪色且绚丽耀眼的希望之光。

[1] LED 灯：利用发光二极管（半导体材料）作为光源的灯具，通常使用半导体 LED 制成。LED 灯的寿命及发光效率是传统白炽灯（钨丝灯）的好几倍。近年来，LED 灯技术发展纯熟，有取代白炽灯和省电灯泡等其他传统光源的趋势。

案例 2 | 埃菲尔铁塔——静静地发亮，世界就被吸引了

无论白天或者晚上，在巴黎各个角落都可以看得到埃菲尔铁塔，这个为1889 年世界博览会而兴建的庞然大物，确实和奥斯曼规划的巴黎建筑、街道格格不入。大家或许听说过巴黎人一开始极为憎恨它，但后来由恨转爱，最后将铁塔保留下来的故事。这和我所知道的实情有些出入，至少我身边的巴黎人，至今没有人真心喜欢它。但是它为巴黎旅游业带来了莫大的价值，又可以发送电波，又能吸引观光客，所以巴黎人暂时视而不见罢了。（还是因为拆掉太麻烦？）

要说真心喜爱，在众多的巴黎热门景点建筑中，我更喜欢凯旋门多一些。但不得不承认，在夜晚，见到亮起来的埃菲尔铁塔，才会感受到巴黎的浪漫情怀，因为白天的埃菲尔铁塔给人一种硬邦邦的感觉，但是入夜点灯后，居然既显得浪漫，又展现了巴黎人所谓的态度。

埃菲尔铁塔的灯光使用了传统高瓦数高压钠光源[1]，从里面一层一层地往上投射，因为钢铁交织的形状在暗夜里成了剪影，反而更强调出厚实的工业感。同时令人怀旧的金黄钠灯颜色，也与城市里其他路灯相映成趣，成就了巴黎独特温暖的色调。

埃菲尔铁塔，是用黄色光塑造一个基调，再用白光区别出景深和焦点，简单而优雅，利落却充满效果。对比亚洲城市动不动就用成千上万的色彩来装点大楼，埃菲尔铁塔的照明功力内敛，但是高深许多，好似拳脚

[1] 高压钠光源：利用高压钠蒸气放电发亮的高强度气体放电灯，使用时会发出金白色的光。因具有发光效率高、寿命长、不易锈蚀、透雾能力高等优点而被广泛使用于街路、高速公路、机场、车站、体育馆、展览场等。

功夫底子深厚，出手不动声色，看似轻松，却招招到肉。

这样的灯光，看起来单一却充满层次，远看像是金黄色的塔，近看才发现交织成趣，走到底下或者上到塔台，都可以看到高压钠灯的光和塔身的油漆颜色非常搭调，细节表现像一帧充满景深的黑白底片。一般来说，设计师已经不喜欢用高压钠灯来做泛光照明，因为演色性太低，已经无法把建筑的材料和色彩忠实地表现出来，但是这个特性却恰恰对埃菲尔铁塔格外适合，因为色调的单一，反而让铁塔的构造、设计一一被突显放大出来。近年来，埃菲尔铁塔的灯光被重新设计，加上了布满整个塔身的白色闪光灯，让夜晚的铁塔看起来像是穿上了一套时尚晚礼服，也像是一棵巨型圣诞树，入夜后每个整点都会闪烁一次，持续大约5分钟，好像天上撒下了银色亮片或者雪花在塔身上，闪闪动人！如果在点灯时你正在附近，肯定会听到周围群众不绝于耳的赞叹声。

就这样，两个颜色，两种光源，抓住了所有人的目光，铁塔持续在夜里闪耀，历久不衰。在某种程度上，当初柯布西耶的设计也算成真，埃菲尔铁塔真正成为巴黎夜地图上的瞩目焦点，心理上是，实际上更是。不同的只是当初的设计，是塔上的灯光向外投光，而现在的埃菲尔铁塔则是静静地自己发亮，于是世界便将眼光投射向它了。

┐ 案例 3 | 台北 101 大楼——灯光改造的新视野高度

台北 101 大楼由中国台湾建筑大师李祖原先生操刀设计，他擅长将东西方元素融于设计之中。所以，台北 101 大楼除了以中国人的吉祥数字“八”作为设计元素之外，每隔 8 层楼还可见源自中国“鼎”字形象的倒梯形方块装饰；然后，每节顶楼向上展开的“花开富贵”弧线造型，象征着节节高升及蓬勃发展的经济情势；建筑外观的采光罩由中国“如意”形体转化成，再配合“金融中心”主题，在 24 ~ 27 楼的外墙装饰方孔古钱币，细节结构处处有巧思寓意。

中西合璧之美，将台北 101 大楼打造出国际摩天大楼的新风格。然而，在科技突飞猛进的今天，更多设计新颖的摩天大楼不断地蹿出，如何让台北 101 大楼继续在世界舞台中占有一席之地，持续凝聚国际目光焦点，是台北 101 目前所面临的考验。

近年来，台北 101 大楼悄悄地进行了一场“绿化革命”，邀请美国环保专家与建筑人员到现场访查并提出改善方案，从内部的空调系统、照明采光、资源回收等方面制订长期改善计划，并于 2011 年荣获绿色建筑的国际标准 LEED 白金认证，拥有全世界最高绿色建筑的殊荣。

在内部空间获得绿色建筑国际认证之后，台北 101 大楼希望从内而外都成为绿化节能的楷模，因此从 2015 年开始，又决定启动建筑照明的改造。

入夜后，亮起来的台北 101 大楼，一直是台北夜景的一大亮点。原先的建筑外墙灯光色彩计划，以一周 7 天、每天变换一种颜色的方式呈现，周一至周日依照红、橙、黄、绿、蓝、靛、紫变换，大众能通过灯光的颜色辨识当天是星期几。然而，相较于其他几栋国际著名的建筑，台北

KyleYu 摄影工作室
光阴影像与游宏祥摄影工作室

KyleYu 摄影工作室
光阴影像与游宏祥摄影工作室

101 大楼在夜间照明表现上，确实略显单薄，主要的问题在于缺少一个典雅、庄严又同时节能的照明规划。因此，在进行灯光改造计划时，便以“美学提升可持续设计” 作为重要核心目标。

经过改造设计后，现今台北 101 大楼楼体部分，因为做过精密计算，装设非对称投光角度的高效率 LED 投光灯，完全杜绝会对租户造成干扰的眩光问题，又可借此打亮帷幕结构，展现建筑立面体造型。而置换转角处的窄角度 LED 投光灯，进一步强化建筑细节，让建筑物蕴含的东方之美，在夜间以不同样貌被世界看见。顶冠部分则利用制高点，装设高效率、眩光控制强的 LED 投光灯向上投射，让台北盆地任何一隅都可以眺望看见台北 101 大楼。

此外，搭配全新控制系统，整栋台北 101 大楼拥有 6 万多个控制点，每盏灯光皆能被设定与控制，除了在平日表现雅致风情之外，更可配合不同时令节庆，将台北 101 大楼转变成一个对外传递信息的超大公布栏，这时的台北 101 大楼不再仅是一栋办公大楼或城市地标，更具有传送与承载信息的功能，特别是在现今网络时代，大众可以利用信息平台反馈意见，台北 101 大楼便可因地利之宜，用灯光色彩变化与大众互动沟通，或替重要的议题发声。但这个功能也像是潘多拉的盒子，要谨慎使用。

案例 4 | 上海外滩——时空交错的夜上海印象

上海，是中国最重要的工商业中心，而外滩，是近代上海城市开发的起点。外滩是指上海市中心沿黄浦江一带的区域，由数幢建筑群串联组成，虽然发展历史不过两百年，却在短时间内，从泥泞之地变身成坐拥 20 多幢风格各异的历史建筑风景名胜，并享有“万国建筑博览群”的美名。

自从 1842 年英国与清朝政府签订了不平等的《南京条约》之后，便将这一带划为租借区，作为港口使用，沿岸也设立多幢洋行。到了 19 世纪末，各国租界管理机构、银行进入，在此地建立更多幢崭新豪华大楼。第一次世界大战之后，西方资本大量涌入，外滩建筑群再次更新，展现出今日所见的万国建筑群样貌。

若说黄浦江沿岸建筑的风格转变，呈现了历史的兴衰与更迭，那么能够真正反映外滩特色风格的，是入夜后一幢幢建筑物点燃灯火之后的迷人姿态。人们总以“夜上海，夜上海……”传唱着这座城市的美丽，可见多少人着迷于上海夜色。然而，1989 年以前，太阳西下后的外滩其实是漆黑一片。

爱迪生发明白炽灯泡后第 3 年，中国第一盏电灯才在上海亮起，从此“夜上海”名声远传，灯光肩负起上海夜色流徙转变的重要使命。最初，从 1989 年至 1992 年，上海掀起一场大规模灯光建设。光是外滩，便经历 3 个阶段的建设工期，28 幢大楼的泛光照明全部安装完成并且亮起。时至 1994 年，外滩数幢大楼更引进新灯具进行照明改造，从当年的 2 月 5 日开始每天晚上准时亮起。1995 年上海设置全中国第一个灯光夜景监控中心——外滩灯光监控中心，并持续进行 8 年建设，将外滩打造成“万国建筑博览群”的“动态泛光照明新光带”，这对当时的上海，无论是

KyleYu 摄影工作室
光阴影像与游宏祥摄影工作室

建立国际形象或者促进当地经济发展，都发挥了十分显著的影响力与作用。同时灯光的设立，使得夜里的黄浦江西岸，勾勒出金碧辉煌的历史人文风景。相较于浦东鲜艳的建筑照明色彩，西岸暖色调的泛光灯[1]，展现建筑物的庄严与雄伟，不仅一语道尽老上海的璀璨风华，也让浦西建筑群给大众留下一个典雅、繁华、充满风韵的印象。

1989 年之后上海市政府开始规划外滩的地标性照明，目的是要把上海最标志性的一段风华，或者说是历史上的“夜上海”重新展现给世人。上海的建筑群本身的设计就是经典，形式细节都有诸多精彩，象征着时代百家争鸣的荣景；也因为建筑本身已经有所质感，所以哪怕只是一盏最简单的泛光灯向着建筑群投光，也能突显建筑之美。

当时的上海市政府请了西方的照明专家，帮外滩定制了一套照明的标准，那时候还谈不上所谓的设计，但是规定了只能使用金黄色的灯光，又因为古迹保护的问题，形式受到限制，只能采用泛光投光，这造就了我们

[1] 泛光灯：一种高强度人造宽光束，通常被用作低光照条件下举行的户外活动及体育赛事时照亮场地的灯具。舞台剧及音乐剧中亦会使用泛光灯作为表演时的群众目光焦点。

现在能看到外滩整齐划一的照明景象，登高或者从远处看外滩，一片金黄光晕映照在建筑上，再反射在江面上，似乎也看到了在当时的金融一条街上，政商名流穿梭繁忙的景象。

上海浦东，从无到有的发展才短短 30 年，能达到现在的模样，是一种建筑史上的奇迹，任何新的概念、新的形式放在这里都不会觉得奇怪。新建筑一向是各国建筑大师大展身手的全新舞台，灯光也是，中国最早的媒体立面设计就在这里，接着点亮了一个一个挑战世界最高楼纪录的建筑，而烟火灯光秀也早在筹划之中。

夜晚华灯初上，再次点亮这个 21 世纪的全新上海，隔了一条黄浦江，几十年的光阴造就了上海截然不同的两个场景，我有时不禁也会怀疑，像浦东这样的场景，似乎是可以出现在例如纽约、新加坡，甚至柏林这样的大都会之中的，那种属于上海的细腻特质，好像随着帷幕大楼的越盖越高，越盖越多，而显得式微了。

“不过上海本来就是个一直在变化的街市，或许我们不必急着替上海定位，因为上海自从开埠以来，就是一座超越国界、没有包袱的都会城市，与其说着自己认为的上海的样子，不如试着敞开心胸，欣赏轮番上演的变迁万象。”我跟自己这样说。

再拉回到黄浦江的西岸，同样有着象征着最富时代感的华丽建筑群，跟浦东新区隔江抗衡着，两岸各有各的风华年代，“十年河东，十年河西”不正是上海黄浦江最好的写照？

上海灯光建设的不断演进，确实带动了当地经济的兴盛发展。尤其进入21 世纪之后，外滩因为承揽着迎接国内外宾客活动的重任，灯光建设相形之下更显重要，举凡运动盛会、全球论坛、上海年会、APEC 会议和世界博览会等，这些活动的举办，都一步步使灯光建设持续追求创新，并且期许有精彩绝伦的灯光秀表演，成为凝聚众人目光的焦点，加深上海不夜城在人们心中的璀璨印象。

例如，2001 年 APEC 会议于上海举办期间，市政府决定对外滩沿线灯光进行整体改造与提升，让外滩防汛墙上有蓝、黄两色进行动态表演，表现“蓝色浦江”与“黄金海岸”的感官景象，同时 50 盏探照灯也以“空中芭蕾”作为视觉意象，在外滩大楼上以 APEC 标志做出投影表演。接着在 2006 年上海合作组织峰会举办期间，从浦西沿安东路至外白渡桥，从浦东东昌路到陆家嘴，架设多达 900 盏彩色探照灯，由计算机远程遥控，定时循环亮灯进行展演。到了 2010 年的上海世博会，把尺度范围拉得更广，以黄浦江两岸建筑为背景，进行了一场空前成功的灯光秀。

时至今日，上海仍不断更新灯光建设，希望通过更完善的整合管理，达到更加精确且有特色的灯光表现，像近几年，位于金陵东路 2 号的上海光明大厦顶楼，便设立一个监控外滩灯光的控制中心。这幢建筑物是办公大楼，由李祖原建筑事务所设计，以融合周围历史建筑物的古典形式，不破坏黄浦江沿岸连续建筑群为前提，大楼顶部塔身再以新古典主义风格做诠释，不仅成为此区新地标，更是外滩天际线延伸发展的重要指标。而顶楼灯光控制中心有着先进的计算机设备，只要经由网络串联，便能在任何一处发送信号，远程控制安装在各大楼的无线信号接收器，确保外滩举行大型灯光演出时，有效地达成同步变化的目标。

近年来，一些有心人士打算让灯光更显“活泼”一点儿，我听了心中不禁打了个寒战，如果只是临时性的活动节庆灯光也就罢了，但若是希望通过改造，将上海这段最有气质的建筑灯光改成五光十色的，那可就是走了万劫不复无法回头的道路了。

我认为就像人穿上衣服，还是要符合身材和身份地位才会好看，才能突显气质，并不是所有最新潮流的衣服都适合每个人穿着，而外滩建筑最适合的照明还是要像现在这样大方、优雅，带一点儿层次，就非常迷人了。

2018 年，我们参与了上海外滩历史建筑的灯光改造，和台北 101 大楼相比较，声名远播的外滩所涉及的面更广泛。接下项目后，令全部参与的设计师不解的是，我们要选用“低钠灯色”进行“改造”，意思是要我们使用先进的 LED 灯模拟传统光源的低阶色温，这是个需要突破的技术，却是个退步的设计。在深入了解后，我才发现这个项目的核心精神是集结众人的努力，从上海居民角度出发打造城市亮化工程。外滩的存在对于上海人的重要性远远超过其他地方，所以这次的灯光改造最重要的课题是，要如何保存外滩在上海人心中的那份金黄斑斓的形象，而不是把外滩变成另一个伦敦的牛津街。

外滩，因为建筑群的更替，呈现如今“万国建筑博览群”的样貌，也因为灯光建设的发展，使建筑物在夜里诠释出过往至今依旧迷人的绝代风华。很多人喜爱夜里的上海远胜过白天，而多项研究也证明了上海的灯光建设确实助长了上海经济发展，可以说建筑照明反映了城市本身，又因建设回馈本地经济增长。所以上海与灯光建设的关系不可分离，夜晚灯光下的上海，已成为许多人心中难以忘怀的上海印象。

公园和广场

03

PARKS AND

S Q U A R E S

2015年摄于纽约

公园、绿地是城市里让人可自在漫游、深呼吸的开阔空间，是城市里的安静角落，因此，建筑、灯光都要让位，似有若无隐隐地存在。

这些广场的设计目的不同，因而有不同的规划，例如传统的中式公园绿地多是四合院式，被建筑围绕起来，像是台北孙中山纪念馆、台北中正纪念堂；而大都会型的纽约中央公园，则基于安全性，夜晚大多不开放；蒙特利尔北边一个原始的公园，用光的元素打造光的乐园，只能晚上去，是灯光的游乐园。

而近年来渐渐成为纽约人热门的户外活动地点——高线公园，则结合了广场与公园的特色，灯光的设计让这里变成城市的另一种户外活动空间。而中国某城市也曾规划过一个类似纽约中央公园的地方，特别设计了夜

2015 年摄于纽约

2015 年摄于纽约

晚人们跑步的道路灯，并且不将光直接打在树上，因为晚上植物要休息，不需要特别的强光。

圣马可广场是我记忆很深刻的一个广场，它是威尼斯最大的广场，同时也是最集中的公共空间。这里的建筑跟一般的威尼斯房子有点儿不同，高了一点儿，宽了一点儿，多了回廊，比较有宫廷的样子，其实这里是以前的皇宫所在地，现在则是作为政府办公和博物馆的所在地，负责管理所有建设的艺术局也在这里。

广场上好几个露天的餐厅、咖啡厅，紧倚着大楼的回廊，而其中一个拱形回廊的下方就是一个小小的舞台，舞台上有餐厅请来的乐队进行演奏，多半是弦乐重奏，优雅绵长的音调穿梭在回廊之间，互相较劲，却不会相互影响。

当夜幕低垂，华灯初上的时候，广场上音乐和灯光“呼吸”着。偌大的广场没有一盏泛光灯照着石板，仅有一两排整齐排列的路灯，沿着码头吸引人来到广场；广场上，朝向广场的二楼走廊，每一个窗框有一个小灯亮着，光线把广场的边界定义出来，而在几个较高的屋顶上竖着的雕像，则有个聚光灯照着，再泛光到屋瓦上。就这样，整个广场的石板上，仅仅是倒映着这些微弱、精致的灯光，却不觉得有任何阴暗的感觉。

我在广场中央得到视觉上的宁静，而从广场周围的一楼骑楼散发出来的光线，充满反差且强烈地散发着商业气息，吸引着人群往两边靠去，人群寻着灯光像潮水一般，退了又散。

2015 年摄于威尼斯

2015年摄于威尼斯

摄于 2014 年

除了广场，沿着桥梁或河边散步，灯光也是重要的一环。例如大巴黎地区的塞纳－马恩省河河岸就像是城市里的另一种绿地，因为塞纳－马恩省河的宽度适中，这岸看得到对岸，却听不到声音，当初可能是为了防洪，恰恰让出一块如此亲水的地方，人走在下面，车子和建筑在上面，偶尔穿越桥下，整个大巴黎地区沿着塞纳－马恩省河就是一个立体城市。而对灯光有好品味的巴黎人，也懂得把灯光做出立体层次，上面道路的路灯，光亮度停留在上层，下层的路灯则较为低矮，主要提供行人穿越的照明亮度，但又会适当地微微照亮树木，这些树木不仅是对岸看过来的风景，也是上层道路的背景。沿着塞纳－马恩省河漫步是一种奢侈的浪漫，特别是在黄昏到夜晚亮灯之间，那完全是另一番景致。河流的两岸是人行道，沿着河走，不仅可以感受河流缓缓流经的惬意，也可以看见两岸的景色变化，尤其建筑倒影可以偶尔在河面上显现，相当浪漫，不知不觉走很远也不觉得累，像是人行走的“环河快速道路”。

另外，有时要行走在桥下面，才能感受到桥的宏伟和灯光的重要性，就好像是东京串联港区芝浦与台场的彩虹大桥，整体的照明简单大方，没有夸张的色彩，没有华丽的星星点点，恰到好处的照明突显出桥的现代感，这是日本照明设计教母——石井干子女士的设计作品，让人行走其中，不经感叹光的奥妙。

案例 1 | 纽约时代广场 vs 华盛顿广场——同一城市中的不同灯光语汇

从梅西百货走到时代广场，对纽约人来说不算是非常远的距离，因为该区的办公楼开始变多，这段道路除了商店，比起下城又多了一些卖咖啡的店。咖啡店的亮度在纽约总不会很亮，隐隐地散发暖色调光线，配起 Coffee Break（茶歇）才会让人有离开办公室的感觉，因此沿途不会有很亮的落地窗，往店内望去，可能只有几盏温暖的吊灯，映照着墙上的各式涂鸦或者幽默画作，里面的人则看起来相当优雅，像是在画廊里一样。

然而整条道路到了 42 街，也就是和纽约中央火车站平行的同一条街——百老汇大道，却整个开阔了起来，大楼更高，招牌更亮，路透社外墙 LED 的跑马灯，不停歇地显示今天的个股行情和新闻，而来自世界各国的游客，举起手机、相机拍照个不停。

是的，这里正是纽约每年举办跨年倒数活动的时代广场，如果想要在 12 月 31 日当天站在这里和全世界一起倒数，中午就必须来排队，因为大

2015 年摄于纽约

2015 年摄于纽约

约会有跟这广场周围大楼使用的灯泡数量一样多的近百万的游客在当天涌入。于是时代广场应该是整个纽约最适合使用“繁华”来形容的光环境，毕竟除了亮度，这里的光，一年从头到尾总是充斥各式各样的动作，闪烁、快速移动又无时无刻地变化着色彩。

当然时代广场不是只有商店，还有剧场、酒吧、餐厅，这里的光不仅只有商业意义，还有更多的娱乐色彩在里面，营造出一个没有平日、假日区分的节庆气氛。这里对纽约人来说，像是个“外国人”的地区，总是有太多的游客，平时没事很少会到这个地方闲逛。

但是这个区域，还是有一些躲在巷子里、地下室的小餐馆吸引着纽约人，他们偶尔会同三五好友来感受一下纽约充满“异国情调”的不夜城气氛。

尤其是时代广场和中央火车站，同样在 42 街，中间只隔了几个街廓，但单就灯光的变化，就创造出两个截然不同的纽约经典场景。

至于华盛顿广场，就像纽约大学的操场一样，总是聚满学生和附近的上班族。无论白天或晚上，纽约大学的学生总会在这个广场聚集，吃三明治、玩音乐、玩滑板，甚至讨论开会，连纽约大学毕业典礼也曾经在这里举办过，名副其实是纽约大学开放校园的中心。

华盛顿广场是有架设灯光的，除了我比较喜欢的古朴造型街灯之外，还有纽约大学自己架设的广角泛光灯。可能是为了安全的因素，到了夜晚，广场是一片通亮的，而广场上的募款、免费剪头发、画画、听音乐等活动，总是热络地举行着，也成为附近居民一处夜晚外出运动的场所。虽然我不喜欢这种气氛，但是在纽约的晚上，可以有一个这样的去处感觉也是很特别的。毕竟在纽约，在公园中可以做的事情五花八门，只可惜不是每处公园晚上都有开放，所以这也更突显了华盛顿广场的自由和特别。

因为华盛顿广场属于早期规划灯光的公共场所，并不像高线公园有着优雅现代的灯光设计，特别是广场上矗立几根巨大的灯杆，上头顶了几个大角度低压钠灯，就这样照亮整个区域，不带气氛层次，也没有什么特别美感。当然广场的安全性是不成问题的，但气氛就差强人意，连带影响附近住宅公寓，这或多或少都受到广场强烈灯光带来的光污染影响 。希望我离开纽约的这几年，灯光有了新的设计或者获得改善，我想纽约人对于光的标准，从来不是有亮就好。

2015 年摄于纽约

案例 2 | 纽约高线公园——都会旧区中的新科技光照风景线

曼哈顿市中心有一区域叫肉品包装区，早期是纽约肉品工厂仓库所在地，因为有货运需求，所以早年有一条铁道专门用来运载肉类商品到港口。后来随着城市扩张，工厂仓库陆续迁移，铁道也就慢慢被废弃，不再作为运输之用而闲置。

对地少人稠的曼哈顿来说，地产开发商无不希望拆除这条铁道，它就像是一道伤疤画在日趋干净繁华的街区上，虽然只是悬空在路面上，但是土地无法改作其他商业或住宅用途，于是拆与不拆的确引发了很大的争辩。因为纽约人喜欢老的东西，喜欢城市里这种有机发展的肌理，可以借此窥探着城市发展的轨迹，因此后来肉品包装区发展委员会决定举办竞赛，召集各方人马的意见与想法，来决定这条高线铁路的命运。

竞赛的内容包罗万象，创意十足，后来还在中央火车站集中展览了一个多月，其中有人希望改成高架泳池，有人建议改建成慢跑道，或者规划成绿带公园。最后公园的提案胜出，这个充满历史感的铁道便在纽约市民的引颈企盼下，被催生成为世界第一个高架带状公园——高线公园。

2002—2009 年，整个铁道改造计划共分 3 期，逐渐将旧铁道遗迹变身成绿意盎然的公园，并搭配周遭的都市开发计划，一步一步地让肉品包装区，整个从以前的罪恶角落，摇身变成曼哈顿最具潮流的新据点。然后，设计师工作室来了，咖啡店来了，餐厅也来了，饭店也开了，公寓也涨价了。紧接着名牌时尚店嗅到了商机，跟着观光客来了，苹果专卖店也悄悄地开了，整个地区到了晚上已经快要和苏豪区一样热闹。

因人潮络绎不绝，于是高线公园晚上也有表演和零星的活动，加上纽约人特别爱在晚上出来跑步，市政府干脆把开放时间延伸到晚上，因此成为纽约第一个在夜晚对外开放的公园，因此特别聘请了灯光设计公司来规划这个公园的照明。

这个项目的灯光设计，是由我蛮欣赏的一位法国照明设计师埃尔维·德斯科特负责规划，他的手法内敛也具创意，灯光和景观设计结合得很好，色温刚刚好，光线游走在树木之间，似有若无地把一片绿意打亮。光的方向也都受到控制，不会向着天空或者人投光，灯具则是尽可能隐藏在街道小景观中。

漫步其中，轻轻松松可以一路从翠贝卡漫游到中城区的 38 号码头，一回头已经是好几千米的路却不会觉得累，因为一路上可以感受到若隐若现却提供相当安全光照强度的光，让人很有安全感。因此入夜后，纽约人不管是跑步或者闲逛，甚至约会，都喜欢来到这里，这大都会中一方小

2015 年摄于纽约

2015 年摄于纽约

小的自然景观，融入现代科技，不野不冷，可以算是一种新的都会景观。

高线公园的一边是曼哈顿夜景，另一边则是哈德逊河景；好的灯光设计，让这条刚好贯穿其中、原本冰冷的高架桥，被赋予了新的生命，从此有了自己的姿态和步调，同时也成为纽约夜景里一道温暖而创新的风景线。

交通枢纽

04

TRAFFIC

J U N C T I O N S

2015年摄于纽约

交通动脉，除了道路之外，还包括车站、地铁站、机场等交通枢纽，它们永远都是城市中最晚关灯的据点，甚至像纽约的地铁站 24 小时不关灯，尽管亮晃晃，又惨白，但白天与夜晚、春夏秋冬如一，也让许多纽约人有种快到家的温馨感。

如果想要看一个城市的骨架，就要看最晚关灯的地方（点）。

现代的车站灯光设计，将整个城市平面化了。我以前在纽约念书的时候，因为没有钱，所以都是搭地铁，因此对于沿途的景观没有任何印象。只有在站与站之间移动的记忆。而纽约地铁站的特色就是每一个站都设计得一模一样，灯光也一样，因此无法让人留下深刻印象，也永远不会记得是哪个站。走在路上，反而会有视觉的记忆。在纽约搭地铁的话，就完全不知道自己究竟在哪里，只能凭印象记得那是第几街的车站。灯光如果每一站都一样，记忆就会更平面化。

2015 年摄于纽约

而机场也是。机场是出发也是迎接，是旅程的第一站或最后一站，必须让人很清楚地知道这里究竟是哪里。例如城市的纬度、光线、气候、人文风情、民族色彩、城市的代表色，就可以产生很多有趣的组合变化。地铁站也是，可以融入很多当地的特色，玩出不同的灯光设计。我记得伦敦有一条新地铁线，每一站的设计都不一样，包括灯光，让人印象深刻。给人看的设计，光就会不一样。很多人会忘了，给人用的灯光也可以不一样。就像不同的餐厅、酒吧等公共空间，去的人一样，灯光设计却会因为主题不同而不一样。

桥梁是道路延伸的交通干道，功能性应大于观赏性的景观。因此，如果是功能性的桥梁，灯光规划也就像道路一样，依据使用率来设计。但如果是地标性的景观桥梁，因为具有独特的建筑特色或附加功能，所以灯光设计也会不一样。例如巴黎塞纳河沿岸的每一座桥，因为建筑设计不一样，因此灯光也不一样，各具特色，又吸引人，这类的桥梁是城市的景观之一，沿岸也有很多具有活动功能的场所（餐厅、咖啡馆、跑道）。照明的功能性比较小，反而被看到（观赏）变重要。在河岸开发比较早的城市中，例如巴黎、伦敦，沿河可以看到很多地标性的景观，因此照明很重要。然而如果从交通运输的角度来看，桥梁的设计应该要回归到实用的功能性上。

案例 | 纽约中央火车站——历久的优雅之光

相较于纽约大多数地标性的建筑，位于公园大道上的纽约中央火车站，灯光设计忠实地展现了车站风格与特色。

2015 年摄于纽约中央火车站

2015 年摄于纽约中央火车站

在美国，纽约中央火车站是一座具有历史意义的地标性车站。大厅经常是人们相约见面之处，在询问处上方，盘面镶嵌着猫眼石的四面钟是车站内最醒目的焦点。

大厅的天花板——星空穹顶，原画于 1912 年由法国艺术家保罗·塞尚·埃勒创作，如果仔细看，会发现他绘制的星空图是反向的，据说这是描绘了以上帝的视角俯瞰的星空。

2015 年摄于纽约中央火车站

车站外，面对 42 街的正门，有一面世界最大的蒂芙尼玻璃， 玻璃两旁有法国雕刻家儒勒 - 菲力克斯 · 古丹创作的希腊神话诸神雕像。灯光设计是采用一整排高瓦数泛光灯，装设在对面办公大楼上，再往车站立面投射，无论角度和色温都经过专业计算，属于比较早期类似剧场舞台的照亮方式，希望凸显外观立面上复杂的雕塑装饰。这种设计的好处是可以让很多建筑，特别是古迹建筑，不用在建筑上装设任何灯具，达到“见光不见灯”的效果。然后仔细欣赏，会发现设计师在左右光源，使用了一点儿温暖白，以便在色温方面做出一些区别，于是建筑立面雕像类似舞台上的演员般立体，有比较亮的“主角”聚光呈现效果。

2015 年摄于纽约中央火车站

2015年摄于纽约中央火车站

2015年摄于纽约中央火车站

2015 年摄于纽约中央火车站

中央火车站这样利用面光或侧光的照明设计，不仅忠实呈现建筑本体之美，也表现出建筑与雕塑的立体感，使得入夜后的中央火车站，像一场华丽的镜框舞台剧，优雅地在公园大道的一头上演。但这种光也有缺点，就是如果站在车站的这一侧，很容易感受到大量眩光；幸好，作为古迹建筑的纽约中央火车站，并没有太多开窗，大多数的窗户后面也不是供人使用的空间，真正会被眩光影响到的人不多。

多年来，纽约中央火车站样貌无不被到访的旅客喜爱，尽管建筑照明的色彩表现不太突出，却也保留了纽约中央火车站建筑的原始特色。如果是重要节庆，火车站也从不吝于以欢乐丰富的灯光秀，展现美国地道的节庆风情，例如每年年底的圣诞节，总会安排激光秀，并于最后在天花板上投射出各国文字的祝福字样，吸引游客驻足欣赏。

窥见不同城市的个性光感彩衣

第三章

光与城市

窥见不同城市的个性光感

CHARACTERS

OF CITIES

2017年摄于京都

“光”在节庆之中是不可或缺的，不论是制造氛围的灯光，烟火璀璨的火花，还是倒映在水中的蜡烛微光，都让过节的气氛更为浓烈。在中国，用光来制造氛围的代表节日之一就是元宵节，泰国则有水灯节，里昂有灯光节，印度有排灯节等。这些节日借传统的节庆，设计出不一样的灯具或灯光，温暖了人们的心灵，更别提在节日晚上燃放的烟火，让城市的夜空灿烂缤纷，让人有种幸福的感觉。

而关于灯的颜色，大部分的城市都喜欢黄色或白色调，但是细微区分之下，这些黄色或白色在亮度与颜色上，又各有微妙不同。就像一样是欧洲的城市，威尼斯跟巴黎就大相径庭。如果说巴黎是一个时尚的女士，威尼斯算是天生丽质的女文青，她不打算用装扮来跟人区别，老实说，她没有打算取悦任何人。

巴黎善用灯光，巴黎人喜欢灯光，对灯光有独特的品味，在巴黎总是可以见到将黄光、白光应用得恰到好处的平衡，不花哨却又充满时尚立体感。巴黎可能是少数几个还在用高压钠灯当作路灯的大城市之一，但是那种黄黄的感觉，搭配起巴黎的建筑和百年石板路，就是有说不出的相衬。在昏黄的基调上，可能是店招，可能是玻璃橱窗，可能是在建筑小细部中藏了灯，有时候甚至几个重要路口的路灯换成白色复金属灯[1]，或者 LED 白光灯，整个城市的灯光层次就落落大方、自然有形，看起来简单，背后可能累积了几百年的文化美感，简单中看到不简单。

[1] 白色复金属灯：又名金属卤化灯，是高压水银灯改良性光源。因其功率低、小型，演色性、发光效率及光稳定性佳而被广泛使用于商业空间。缺点是光色偏差较严重。

很喜欢摄影师张耀的作品集《黑白巴黎》，我感同身受巴黎的美，巴黎的精彩不是用颜色堆砌出来的，她的美蕴藏在线条和景深里，也因此越是简单的灯光，越可以展现她的美。身材好的人，或者应该说有自信的人，懂得穿最基本剪裁的衣服，白色 T 恤搭牛仔裤，就能成为众人关注焦点。这大概就是我为何只钟情于巴黎夜晚的缘故吧，因为巴黎人对灯光是有品味和自信的！

然而在威尼斯，似乎好不好看，立不立体，这些世俗标准的美感都显得多余，威尼斯只喜欢一贯的黄光，那种从蜡烛、油灯就一路传承下来有温度的光，这种光跟这个城市融合得天衣无缝，就像白天不同时间曲曲折折洒进巷弄的太阳光一样，这种黄光跟城市的建筑、历史和文化，贴合得没有缝隙。

于是，威尼斯不仅是路灯、少数的建筑泛光、住家内透出来的光，以至于餐厅、商店、博物馆，甚至船上透出来的光，清一色都是 2700 开的色温。整个城市只有一种颜色的光，却有它自己独有的层次，看上去好像大师的素描，虽然没有斑斓的颜料，却被铿锵有力地勾勒出个性和形体。

至于纽约的苏豪区、联合广场，光源主要是由两旁的店铺贡献，几乎都是暖色系的橱窗光线，混搭着低压钠光源[1]的黄色光。而这里在早期租金还未涨过头时，还是有一些 24 小时营业的熟食快餐店或者药妆店穿插其中，光的色温和亮度总是拉得比较高，在亮暗和暖白的色温之间交

[1] 低压钠光源：利用低压钠蒸气放电发亮的光源，其寿命较短，发光效率和透雾能力高。使用时会发出单色黄光，适合使用于没有光色要求的场所。

错，走在这段路上会有一种独特的韵律感。

记得以前在做商场照明设计时，对方总是会提到希望有“日式风格”。这里的“日式风格”，大约指的就是在设计中使用一种可以适宜地均亮、排列整齐、干净的下照灯[1]，加上顺着天花板造型的间接光，但是“偶尔”出现在挑高区域的华丽水晶吊灯，明明应该很亮却让人感受不到，因为周遭的环境光已经盖过它的光芒。印象中 20 世纪 80 年代初开业的 SOGO 百货公司就是这个样子，但是当时这样的照明设计，着实让台北人的眼睛为之一亮。

这可能跟民族性有绝对的关系，日本人本来就很喜欢东西整齐一致有秩序，也认为明亮代表着干净、进步与繁荣，因而要求灯光一致，导致即便不同功能的场合空间，配置灯光的手法仍然极为雷同。于是当从点扩展到面，便造就出东京这座超级大都会，大概会一时容纳不下太大胆出

2015 年摄于上海

[1] 下照灯：又名嵌灯 / 射灯。需安装在天花板开孔的灯具，提供从上方下照的光线。除了提供充足均匀的照明光线外，天花板也不会因为安装了灯具而影响整体室内空间。

2015 年摄于上海

奇的灯光设计，所以导致形成如今的设计风格：只要是不该看到灯泡的灯具，就不会让灯泡凸出；应该看到色温统一，就不可能发生暖白色温相间的紊乱情况。

这样的设计风格，容易让市景显得一成不变。在以前尤其明显，相信数年前到过东京的人，或多或少可以感受到东京照明很一致，不论是在地铁站、百货公司、服饰店、餐厅等，都几乎很少会有截然不同的气氛转变；高档餐厅与平价餐馆的差别，可能多了一些装饰性的灯具，但是灯光情境，光照强度总是大同小异，不太有明显区别。

至于台北，我一直很难确切地去形容自己故乡的灯光风格，直到有次翻阅杂志看到一个英文单词 Vibrant，当时还查了一下字典，意思是战栗的、活跃的、充满生气的。一开始觉得台北跟这个单词没有太大关联，但放在心中几天，竟然慢慢意识到，这其实和我印象中的台北没有太大出入。台北就是有一种动感、快速的生活步调，甚至剧烈变化到有点儿跳跃的节奏，但绝对不是混乱，准确地说，就是处处弥漫着生气勃勃、充满生命的力量。因为在安静的外表之下，永远蛰伏着一股跳动的力量，有时候前进躁动，有时候则原地旋转，源源不绝、夜以继日地推动台北的轮转，而台北的灯光风格也正是如此。

案例 1 | 巴黎——保留历史的优雅品味

身为世界级大都会，巴黎总是有许多新鲜事物在发生，但是无论外面的世界怎样进步，10 年前的和最近的巴黎夜景给人的感觉都没有相差很远，与其说巴黎没有什么意愿进步，倒不如说巴黎有它自己的品味，用它自己的方式前进。

巴黎不是所有的建筑物都有灯光照明的，感觉上，它不介意一些留白，但是所有的街道、桥梁都有灯光照明，巴黎人可能更看重这些连接建筑之间的平面空间，或许是一种功能驱动使然，但这造就鸟瞰巴黎时，总可以清楚地指出每条大道、每座桥梁，而建筑物则是退在背景处隐隐地被照亮。这就是巴黎人才懂得的灯光层次，不疾不徐，永远留有余地。

爬上凯旋门的 273 阶，这是我个人最爱来看巴黎夜景的好地方，也是能安安静静欣赏香榭丽舍大道的最好位置。凯旋门本身就是一件艺术品，它的建造是为了纪念一个民族胜利的故事，也是为了向世人炫耀（当然我也不喜欢战争，但它勉强算是战争遗留下来的纪念中具有美感的建筑）。因此从它的平面图设计到所有的雕刻装饰都十分讲究，对称工整，走在里面完全可以感受到建造者的用心。走到顶楼，还要再爬上屋顶，便能够见到 12 条大道在你眼前辐射状排开，让你当下觉得这才是巴黎的市中心啊！

而其中最亮的一条街，就属香榭丽舍大道。这里的高度刚刚好，可以看到车子、行人与灯光川流不息，隐约听到下面的声音，视力好一点儿还可以看到石板路铺面。如果你登上埃菲尔铁塔，当然可以看得更远，但是我觉得并没有看到的凯旋门迷人。当兴致一来，拿起相机拍了张黑白色调的香榭丽舍大道，抽掉色彩的巴黎，好像时间也暂停了，不知道当时拿破仑有没有上来这里？不知道当时他喜不喜欢这样的巴黎夜景？然而对我来说，可以这样静静地看着巴黎的光影线条，还真是一种最好的奖赏。

在巴黎，他们对于灯光的亮度和风格就拿捏得很好，总是简单的两盏灯，就把灯光层次控制得恰到好处。只要是行人走的路，不管是路边、桥上或河岸，都会有一个距离适切的街灯，光照强度也会相对低些，借由尺度和亮度（有时候会是色温），来区别车子和行人的使用功能。灯光对巴黎人来说，不是越亮越好，也不是有亮就好，而是不同的环境用不同的光，既是一种贴心，也是相当实际的设计。

有机会造访巴黎时，不妨抬头看看雕刻得美极了的路灯，仔细观察，它们并不只是往旧式油灯中硬塞一个现代灯泡进去，而是经过一些巧妙设计，让新的光源可以散发出跟油灯、瓦斯灯一样的效果，就像一部外观看起来是老爷车的古董，里面其实早是计算机导航等现代科技。而且有些古典造型的路灯还会被分成上下两层，下层是负责探照路面的黄光，上层面向建筑会偷偷开一个口，装上一个漫射光把邻近建筑照亮，于是这些灯光的层次与方向，让视线永远都知道该被引导往哪里看，并让这一幅在眼前展开的巴黎夜地图，如同古典油画或者充满景深的照片般，永远在明暗对比中充满层次焦点。

虽然新的光源开始冲击这个拥有古典灯光品味的城市，但是我更看到巴黎人骄傲的“臭脾气”，并不打算这么轻易地接受新式样。如果接受埃菲尔铁塔要花 50 年的光景，想要巴黎人抛弃现有的品味，接受新式样的路灯或者新的光源，可能也要个二三十年吧！当然更有可能的是，巴黎人会迫使这些新光源，借由设计融入他们既有的灯光氛围里，而不是替新光源重新开一扇门，创造另一种新的氛围。

已经做对的事又何必改变呢？我想象巴黎人会这样告诉你，就像好的餐厅里总是没有英文菜单，你要吃好吃的法国食物，请念出法语，因为这些法国美食没有英文名字，或者他们并不情愿帮你翻译。

案例 2 | 威尼斯——延续着历史光彩的温暖光

威尼斯的夜晚，拥有我见过所有欧洲城市里最美的夜景。城市路灯在这里的定义，指的是那些在曲折的巷弄里，间隔三五米才出现的一盏壁灯，这些壁灯从居民的屋墙上大约一层楼高的位置延伸出来，分别以各种雕花的样式呈现，并且一定有个半遮掩的、防止光线漫射到二楼以上的灯罩，于是在整个城市，这样的暖暖光线，静静地照在千年的石板路上。

除了圣马可广场以外，其他地方根本看不到灯，而照亮广场的，就是从围绕着广场的餐厅漫射出来的黄光，光亮把经过广场的人都照成了剪影。至于在水路上，除了从穿梭的船上漫射出来的灯光，就是那些“公船”站里摇摇晃晃的灯光了。偶尔经过水边的“大户人家”或者饭店、餐厅，会发现在大门上方挂着一盏吊灯，样式各异，而那盏吊灯散发出来的光线，除了照亮大门及门前的台阶，也在黑色的水面上形成了一道又一道摇晃的光影。

2015 年摄于威尼斯

2015 年摄于威尼斯

你以为这是半夜的城市夜景吗？不，晚上八点，当世界上其他城市在夜晚时灯光疯狂地闪耀、深怕在黑夜地图上消失的同时，威尼斯却是静静地让光也似乎停留在油灯时代的浪漫之中。坐在船上，抬头望向天空，无云的天气，可以看到一些星星，这是威尼斯的夜，水声、酒杯轻碰的声音，音乐、谈笑声，配上静静的光、暗暗的夜，好难想象这是一个每年可以吸引三千万游客的城市，她低调到让人不自觉爱上，美到让人同意她真的不需要改变。

为了保护城市的群体建筑在整体性上不受到破坏，威尼斯有一个权力比市政府还大的艺术部门，专门掌管所有建筑的整修和工程事务，所有的设计都必须送到这部门审核，建筑师或者工程单位也必须要亲自前往报告，基本上没有什么是可以拆除或者新建的，就算是新建，仍然必须要按照旧的样式，一模一样盖回去。一方面可能因为是文化遗产的关系，另一方面，我也相信或许威尼斯人已经习惯生活在历史里，因此城市灯光显得单调而统一，如果新的建筑样式不会被批准，我大胆地猜测，他们对于动不动就高亮度、高眩光的新式灯光，大概也不敢恭维。

因为是古迹的关系，威尼斯的建筑室内几乎很少用嵌入式的下照灯，在跟当地的机电工程单位沟通了解过后，发现威尼斯也有极为严格的防火法规，其实这并不难理解，曾经遭受过火灾的几个大城市，都有非常严格的火灾防范措施，大火对于这样一个多为木造建筑的城市，威胁可见一斑。

这对于习惯在“现代”城市里做设计的我们来说，刚开始为威尼斯的饭店工作是很不习惯的，因为天花板又矮，又不能开口，而好不容易遇到高一点儿的天花板，竟然是一幅手绘的壁画，得等着古迹修复人员来修复，当然不可能装灯，于是一直陷入巧妇难为无米之炊，绑手绑脚的状态。

我们不理解，他们为何不能把新做的天花板，稍微挪一点儿空间来装灯？

同样的空调管道，明明也是在天花板的空间里啊。但是，他们也同样不明白我们为何非得把灯装进天花板里面，彼此攻防几回合，我终于在镇上的餐厅、酒馆里找到了原因：因为他们压根不喜欢天花板上下来的光。

2015 年摄于威尼斯

2015 年摄于威尼斯

仔细回想，下照灯的确是最近这几十年才有的“新”产物，就算在亚洲大部分城市中，下照的嵌灯已经早就不是新鲜的东西，大家也非常习惯有下照的灯。但是在一百年前的欧洲，电灯刚刚发明，大家只是拿灯泡来取代蜡烛、油灯，接受电气化的过程，并不表示接受新的照明方式。的确，在欧洲的宫廷、美术馆里，或者真正正统显贵的宅邸里，到现在仍然可以见到大型的水晶吊灯悬空在房间的中央，可以看到采用立灯、桌灯仍然是最主要的照明方式，更何况是在时空中冻结的威尼斯呢？而这种比较现代的照明方式，不但有可能和建筑、室内无法融合，更重要的是，这种设计至今还没有被威尼斯人从心里接受。

最后我们设法找到了非常小的嵌灯，利用非常少量的灯泡来重点布局，有些真的无法嵌入的，则用了一个外壳把灯包起来，如此一来，虽然还是以装饰性的桌灯、立灯作为空间主要的照明，但是仔细一看，这些不易察觉的下照灯，补足了装饰灯之外的细节。例如墙面材质或者天花板壁画等，这些细微的地方，在过去于夜晚时分，因为没有了光可能就不一定看得到。这项“创新”，使得这间饭店很可能变成威尼斯第一个大方拥抱现代照明方式的饭店，搞不好也可以为威尼斯带来一个新的照明选择。

2015 年摄于威尼斯

案例 3 | 纽约——异国的“光之桃源”

到了纽约，很多人都会到唐人街逛逛，这里的街道即便到了夜晚，仍延续着白天的车水马龙、夜市般的喧闹感。唐人街的灯光，看起来可能没有纽约其他区域来得细致，总是说亮就亮，一间店一种色温，尤其喜欢把招牌打得很亮，还有很多卖灯具的店更是明亮到如白昼。不知道为何唐人街灯具店特别多，加上吸引客人的大红大紫招牌，让唐人街一年 365 天，天天都像在过新年。

然而稍微往北走一点儿进入到小意大利区，气氛就明显转变了，意大利人热情奔放，也喜欢热闹，但是亮度似乎就降了下来。这个区域餐厅很多，每间餐厅看得出来都花了心思营造气氛，但都不是用高亮度来招揽客人，而是在招牌、橱窗处加了灯光点缀，因为这样细腻的设计，餐厅的氛围显得高级些。另外小意大利区偶尔会有街道的整体灯光布置，会用蓝绿冷光，类似圣诞装饰的灯泡来呼应节庆，形成一种平衡。

夜晚走在其中，会有一点儿走在罗马市区里小巷弄的感觉，光线昏昏黄黄，地上石板路总有一点儿但不会令人介意的脏，空气中混着附近餐厅飘出来的味道，走着走着一转角，若是见到了小小招牌上面挂着一只白炽灯泡，很可能就找到了一家有百年历史的好餐厅呢。继续往北走到苏豪区，这里已经不再有以往颓废艺术家聚集时的那种工业感，只有部分巷弄壁上安装的昏黄的壁灯（因为街道太窄，连路灯都无法装）散发出幽暗，带出落寞的工业感。

近年来，这一区的几个主要街廓随着主流商店的入驻，已经转变成纽约的主商业区，不过这里和第五大道或者麦迪逊大道拥有不同的街道尺度，也让一线品牌店家进驻时，尊重了原生建筑形态，而不是以大面积的落地橱窗见人。这使得商店的光线完美地被保留在建筑轮廓线之后，不至于太暴力地渲染着人行道，甚至整个道路，加上旧建筑也无法融入夸大眩光的店招或者广告灯箱（拜科技之赐，近年来还要多加上 LED 屏幕），远远都只看得到商店旗帜和落在上面微微的光，这微光可能是店家特意打的，或者被街灯照亮的，走近了才看到店家全貌，这是我印象中的苏豪区，也是一种我蛮喜欢的商业灯光形态。

走到华盛顿广场之前，如果转弯向东走一点，就会经过第八街、第九街的小日本区，这里有学生最常光顾的烤肉店、寿司店、拉面店，因为比起西餐的价格，这些还是便宜一点儿，有些小店甚至不用小费，当然口味也比较合亚洲人的口味，我自己喜爱的餐厅在这里就有好几家。除了餐厅，这区还有其他的功能性商业空间，例如超市、书店、咖啡店和小酒吧，白天经过这里，确实会有一种身在日本的错觉，当然得先屏除建筑的形式，但是这里的招牌、海报、菜单的摆放方式，甚至一些小传单，路上走的人群的面孔和穿着，都会让人感觉仿佛置身在东京街头。然而到了晚上，这里的光氛围却和东京截然不同。因为日本人守规矩的个性，仍然会无疑地表现在东京整体的光环境之中，讲究精确的暖色温、均匀亮度等。但是纽约小日本区的光，似乎多了一些随性和奔放，而不是像东京那样严肃拘谨，往餐厅室内望过去，时常可以见到比较工业感的吊灯，搭配稍微不对称的下照式嵌灯，创造出一种较有冲突的灯光氛围。或许这正说明着那些从日本来的年轻移民们，虽然内心还是想要保持日本谨慎的本质，但实则深受纽约不羁、自由与奔放情绪的影响，所以才会把光线以东西交融的方式呈现。

过去这几年，曾经在日本的街头，偶尔看到这种比较不羁的光感，想象可能是有些曾经去过纽约的移民又回到日本，然后把小日本区的光感带了回来，这种会心一笑的发现，有点儿像是我某次在东京餐厅，看见菜单上竟然出现加州卷，瞬间产生一种把我突然带回到纽约的甜蜜感。

相较于曼哈顿岛上的绚烂夺目，柏油路下面的纽约，显得单调而朴实许多。刚在纽约读书的那些年，穷学生最常使用的交通工具就是地铁，如今回想起来，说我被地铁宠坏了一点儿也不为过，毕竟便宜、方便，什么地方都可以去，又 24 小时营运，再晚归的人们都有办法回到家，也让纽约成为名副其实的不夜城。另一方面，当时的纽约对我来说，就是一个个地铁车站组成的，所有要去的地方，博物馆、餐厅、书店，对我而言通通都是地铁站名称；如果要我认出一个新地方，得要“翻译”成位于哪一个地铁站，我才会明白它真正的方位。

在纽约正式工作以后，我才有机会搭出租车到处跑，这才明了原来已经错过了不少纽约路上风景以及车站和车站之间街道的样貌。但在地铁里的月台或者车厢上，那种永远不变的亮晃晃的惨白的日光灯的景象，讽刺地还是给了我一股奇怪的安全感。

地铁是一个奇怪的空间，光线好像只是为了一种特定的理由存在，直白、没有变化，但是却恒久不变。当坐上过站不停的快车，穿越站与站之间的隧道时，发现这可能是全纽约唯一没有光的地方，而这种非黑即白、非亮即暗的对比反差，恰似纽约的个性。尤其在快车过站不停的时候，一个个亮的车站从眼前飞逝，中间穿插着暗黑的地下城，偶尔出现一两盏零星的维修灯光，好像看一场默片电影般不真实，但是充满趣味。

只要在纽约待得够久，或许都曾经讨厌过地铁站只有相同表情的惨白日光灯场景，但有趣的是，每逢下雪的冬天或者下雨天，从湿冷的路面钻进地铁，却又分外觉得温馨，好像进了地铁就得救了那样，有时更会觉得，只要坐上车就离家不远了，这股白光似乎代表了些许回家的感觉；而在日正当中的夏天，钻进地铁里，除了躲过炽热的太阳，站在月台上，偶尔快车经过还带来一些凉风（当然味道不见得舒服），或者列车停下来开门时，迎面吹来的冷气，都让人有喘口气的感觉。在纽约快速变换的风景之下，隔着一层柏油路面之下的地铁空间倒是始终如一，春夏秋冬、白天晚上，都没有太大的变化。这或许正是纽约在第三大道兴建的新地铁，会让人充满期待的原因，毕竟这是纽约第一条聘请照明设计师做照明设计的地铁路线。纽约作为最早建设地铁系统的城市之一，新地铁会不会像当时伦敦的新地铁线那样活脱脱地成为星际大战般的场景，这肯定是可以期待的，也肯定会给纽约地铁系统带来新的触动。或许那时我旧地重游，又舍了出租车和曼哈顿的地上风景，回到地下寻幽探访，只是那时可能不会抱怨连连，而是惊喜连连了。

2015 年摄于纽约

案例 4 | 东京——优雅自信的光之温度

印象中，十几年前的东京，是一个亮度极高的城市，有些商家为了制造差异感,不惜把亮度一再地提升。之前便听过有间有名的卡拉OK 连锁店，对于灯光设计的要求只有一个，那就是越亮越好。主事者说，他们店的特色就是永远比别人亮，如果有人超越，那就再加亮。

年轻时去东京旅行，可能还没有察觉东京在亮度上的夸大，但在开始做灯光设计之后，这才越来越觉得东京的确是有点儿太亮了。记得东京曾经因为“3·11”日本地震灾害的缘故，陷入节电的非常时期，很多商家把灯光减掉一半，连地铁站也是。虽然你可以从海报的殷殷说明和店员不断地赔不是中，感受出他们对于减半亮度的不情愿，但是我反而觉得这样亮度的东京，真是令人感觉舒服多了。

不过这几年的东京，已经默默地进行了一场灯光革命，一般人可能没有察觉，因为变化太过细微，但是在我的眼里，却是惊喜地发现，东京终于用它自己的步调和个性，开始去塑造与以往不同的灯光环境了，而最大的改变就是东京晴空塔的出现，像是东京终于找到新的灯光信仰，对自己开始有了自信。

其实最近几年到东京时便发现，在很多饭店中出现了不同的灯光氛围，餐厅的差异性也明显了，24 小时的快餐店虽仍然维持一贯的明亮，但是讲究气氛的餐厅的灯光氛围开始有了层次，并非维持一贯的明亮，使用有层次的暖光的商店，已经不限于国际品牌的店面，这点儿光是走在表参道就能明显感受到不同的。

或者这可能也和 LED 灯“大军压境”脱不了关系，东京街头的建筑也开

2015 年摄于东京

始出现了一些色彩，只是不同于一些新兴城市那种粗暴的彩光，东京还是用它一贯接近做作的优雅，像是走在神宫前的路上自然会碎步前进般的姿态，诠释了一种信仰的自信。

2012 年 10 月修缮完工的东京车站，引发了大众的广泛关注，并成为游人造访的热门景点。车站的照明设计工程由前辈面出薰担纲，照明方式

2015 年摄于东京

虽然大量使用新的灯具和光源，但巧妙地通过设计，原汁原味地重现东京车站的庄重和大器，并且稍带怀旧气息。

不只是对建筑重新整理加以复原，这次东京车站的修复工程，当然也考虑到入夜后呈现在大众面前的样子。修复之后的东京车站夜景，完全可以感受到照明设计的用心，细致地点亮着每一个建筑的细节却不居功，退在建筑线之后隐隐地烘托出建筑之美。如果不是照明的专业人士，一般人大概只会细细品味建筑的线条，而不会注意到“配角”灯光的用心。

这些经过精密设计的灯光，用心照亮着一座古迹车站的里里外外，希望呈现出建筑本来的样貌，每一盏投射出的温暖而不浮夸灯光，映照在每一块有历史刻痕的砖头上，格外显得收敛、舒服又吸引人，展现出鉴古知今的划时代美感，诉说着东京的历史，同时也熠熠地在未来发亮着。

于东京车站不远处的银座区，也是东京代表着“高贵”的地段，整体灯光营造则仍然维持着传统印象里的东京形象：沉稳和内敛。走在银座街头，颇有时光冻结的感觉，因为这里不像东京车站，开始吐露出心意；更不像新宿，流动着过于急促的光影；也不像没有灯光的明治神宫，让入夜的东京有一块“留黑”的无光之境；更不像高级住宅区的南青山跟代官山，夜间气氛幽微且浪漫。

夜晚漫步在新与旧交融的银座，便会发现四周灯光弥漫着一股低调奢华与缓慢的气息，仿佛是一位风韵犹存的贵妇，就算从一家百货商店逛到另一家精品店也察觉不出差异，因为柔顺与优雅的灯光一体流畅，好像不管整个城市怎么变化，这里永远都保留着东京原来的风雅。

跟日本人共事多了，自然会发现在他们的民族性中，有一种很奇特的优越感，或者可说是固执吧，不太容易随波逐流，改变自己的做事原则，看待任何问题非常专注，也相当坚持，而对于整体的美感也有一种几近偏执的社会责任感。

我大胆猜想，如果在日本的一栋新建筑，做了与环境格格不入的、粗暴的色彩照明，破坏既有和谐处境，大概不用等政府出面，就会被社会舆论攻击得体无完肤了吧？如果最后政府出面要求业主改善，再额外花一笔钱变更设计，我大概也不会感到讶异。毕竟群体社会意识左右着个人主观设计，这种现象恐怕只会发生在日本，而这样的良性循环，应该可以让照明设计师在下笔的时候，都更用心地去观察环境和小心地使用灯光。集日本民族特性之大成的东京，源于这样的集体意识与思维，造就了整齐划一又线条分明的灯光照明环境。不过我发现似乎在千禧年前后，东京出现了几座新地标，灯光开始有了本质上的转变，相当值得玩味。像我自己很喜欢的表参道之丘，让人能够在东京看得到一种新的“光的温度”，相信只要曾经在表参道上寻找过这栋建筑，也曾置身其间感受安藤忠雄的建筑诗意的人们，便很容易发觉这里的照明，非常不同于东京其他的建筑物，呈现昏黄柔和之感，又稍微有明有暗，显得很随性，所以东京其实也很愿意敞开心怀接受如此浪漫的灯光思维嘛！

┐ 案例 5 | 台北——活力满满的光“调”悦动

有人会用浪漫来描绘巴黎，用井然有序来评论东京，用繁华来形容香港，那台北呢？除了我认为的 Vibrant（战栗的、活跃的、充满生气的），每个人心中想必都有一个形容词，足以替眼前的台北下定义，因为定义太多，所以台北就无从归类或者套上某种标准，但不可讳言的是，台北在大喇喇地展现着自己多面的生命力。如果有人问我，对台北灯光印象最深刻的场景是什么？我应该会说沿着淡水河口一路到松山机场、台北 101 大楼的美丽夜景。每次从阳明山上或者从飞机舷窗往下看时，总觉得美得很动人。这种万家灯火之美，不在于道路很直或灯光很亮，而是有种说不出规则的参差错落的层次，演绎着属于台北才有的节奏。你会看到有些地方亮，有些地方暗；有些黄，有些白；有像美国大城市的灯光的，有像日本的，也有像欧洲小镇的灯光的。

台北的灯光就美在有包容性，可以找到任何灯光的姿态，这对我来说是相当有吸引力的。

街灯串起儿时的浪漫城市印象

我不是出生在台北，但是台北的确是我到目前为止生活得最久的地方。自从小学搬到台北，也住过台北市几个不同区域，回头看这 30 年之间的台北城市景色变迁，除了是一个当地经济发展，建筑潮流的小小缩影，也等于是我自己的一个都市成长记忆。

小学住在敦化南路一带，这条路无疑是台北南北轴线最漂亮的一条路，从北边的松山机场，一直到仁爱圆环，中间几乎和路面同宽的绿带种满了大树，林荫一片真的很漂亮，而两旁的“摩登”建筑似乎也都盖得相当整齐。这些商业大厦你觉得眼熟吗？没错，就是当电视剧演到男主角北上打拼，出人头地，或者已经在商界驰骋时，镜头就会带到的大都市中的繁华高楼。敦化南路上的大厦和绿荫就是被取景的最佳所在。

我的童年几乎都在敦化南路一代走跳，那时候就特别喜欢在中间的绿带（其实是很大的安全岛）骑单车，后来想想，这不就是之后台中颇获好评的绿道设计的先驱吗？除此之外，我记得早期的敦化南北路已经有街灯的概念了。路灯和街灯不同，路灯是照路给车走的，街灯是立在人行道上，给行人照路用的。

在早期，台北的街道很多是没有设立街灯的，因为那些商业大楼（例如忠孝东路、南京东路等）都有骑楼，而且人行道很窄，也就犯不着另外再加路灯。但是敦化南北路因为有城市规划的关系，建筑退得很远，人行道比较宽，也因此有了街灯的需求。

当时的街灯是同大楼在建设的时候一起规划的，是从大楼本身的角度设计的，但是也因此会有很多不同于街灯设计的趣味感，这好像也是敦化南北路的一个特色。而在敦化南路尾端到基隆路那段还没有开通之前，信义路往南的这段范围是比较尾端的，当时几栋叶财记的大楼已经盖好，但是中间还有一些空地还没有盖。

我记得小时候爸爸带我们去看电影，从家里走到梅花戏院（和平东路口），会经过一整片入夜后阴暗无光的区域，好像是农田，但有没有耕作就不记得了，印象中的那段路是很安静、浪漫的，身在城市里，抬头还是可以看到建筑，走路的路面虽没有刻意打光，但是路灯的余光足以让行走不成问题（但是人行道破碎难行是唯一的缺点），这段路就像是城市版图里的一颗遗珠，却意外地变成了我印象中一个浪漫的场景。

后来随着都市化发展轴线继续挪移，商业与住宅大楼一栋栋拔地而起，路灯、街灯也此起彼落地架设，整条路就一路发亮到基隆路去了。我总不禁想着，如果从那时候开始，有人对这个路段进行缩时摄影作为记录，肯定会让所有台北人震慑，原来只是短短一段马路的灯光，在这 20 年之间的变化竟然可以如此巨大。

放缓节奏与变化

台北对我来说，确实如此展现着强大生命力，它的美不在于到处很干净，不在于万物井然有序，而在于多变化。很可能才过两天，路灯就全被换成 LED 灯，或者某一栋建筑盖了很久，突然之间就打上了璀璨亮丽的灯光照明，让你发现原来已经盖好了，总是有新鲜事抢着冒出头。

刚从纽约回台北的前几年，我常常无法忘怀纽约的每一个街角，那里有很多开了二三十年的老店，有的咖啡厅甚至已经营业 100 年。回到台北，台北已经变成熟悉的陌生人，因为我所喜爱的餐厅一直在消失中，好像台北没有一件东西可以持之以恒。虽然后来自己努力找到了平衡点，认为这正是台北可爱的地方，但是心里还是不免有些遗憾与落寞。

又譬如 15 年前，我从市区搬到八里，那时候的道路只有双车道，连安全岛都没有，两旁只有色温很黄很黄的低压钠路灯，每晚回家，可以明显感受到市中心与郊区的差异。尤其是在驶过关渡大桥时，灯光亮度渐次变暗，加上八里地区的路灯本来就稍不明亮，开车时往右便能看到入夜后的淡水河的样貌。

但是经过五六年后，八里快速地变化着，道路拓宽成四车道，两侧房子鳞次栉比蔓延，路灯换成更亮的，整条回家的路被照耀得通明，一旁的淡水河与山景则全被灯光吞噬。这两年变化更大，路灯更亮，建筑更密集，还发现在一夜之间路灯全部换成了 LED 灯，不只发出白光，顶上还有蓝色小灯作为装饰。对于长期出入的居民我来说真的很难马上适应，不是变化不好，是变动得太快了。

后来我常想，台北可以同时看见如此多不一样类型的灯光，就唯独缺少一种“慢”的光。其实台北不妨试着跳开单纯照明的实用角度，放缓灯光的节奏与变化的脚步，让市景容纳一些“慢”的光，让居民真正感受、发掘与欣赏。

案例 6 | 上海——追光之潮

种满梧桐树的旧法租界，灯光迷人浪漫

在成长的过程中，上海对我而言只是一个名词，这个在历史上有着鲜明地位，在地理上距离台北不过一个多小时飞行时间的城市，一直没有和我发生任何关联；后来在纽约工作，因为出差而数度到上海开会，但是一下飞机，就由车子接送到各个开会地点，接触到的地方永远只有机场、饭店、开会地，上海对我来说还是跟旅游书上描述的一样陌生，当然也从来没有想过，有一天我来到上海会有回家的感觉。

2007 年之后，随着越来越多的工作项目接触，我决定落脚上海开设公司，并提前开始尝试在上海生活，一开始来两三天，慢慢变成一个礼拜，然后整个月。租了房子，有了家具，也学着开始叫人送水，请了阿姨，加入健身房，偶尔去按摩，周末早晨跟一堆老外在当时为数不多的快餐店排队吃早餐。

2015 年摄于上海

2015 年摄于上海

接着几年下来，看着上海的成长：陆家嘴已经没有空地可以盖房子了；脚底按摩从 30 元飞涨到 180 元；下班时间在街上挥手拦到出租车是天方夜谭；在虹桥机场等一两个小时才起飞的飞机都不算延误。上海没有停止地飞快进步，我对它的感觉也一直爱恨交织，恨多于爱，不禁想起当初我在纽约刚要住下来的心情，那时也是一度恨透了纽约的种种。

比起白天，我更热爱行走在入夜后的上海街头，毕竟少了白天的折腾与聒噪，上海迷人的气质就越加散发。走在旧法租界种满梧桐树的东平路、桃江路、衡山路、巨鹿路，路灯与路旁住家小窗透出的光线隐隐错落，有的还透过梧桐树叶空隙穿透洒落，照得整条路斑驳得有景深效果，让人惊喜地发觉到上海不只有歌舞升平，还有张爱玲笔下那种文青或小资情调，格外浪漫惬意。

我对这些区域甚为喜爱，当时在上海第一个租的落脚处就是在巨鹿路上，对我来说，上海的城市灯光，就应该是这个样子。

再往下走，像武康路、太原路这一带，两旁虽然不再是华丽的法式别墅，但仍是迷人老上海的旧工坊。而早期架设的路灯高度恰到好处，有的就算是换了光源，整个街道的灯光明暗间距仍是维持在一个低的尺度，与环境相辅相成又熨帖密合，漫步其间，可以同时感受到亮的温馨与暗的沉静。

但是有好就有坏。新规划的浦东新区，因为光源总是变成明亮的高色温灯色，路灯高度也太高，有些甚至凌驾于路树树梢甚多，使得整条马路，无论建筑或地面都被照得很亮，路灯的运用只体现了功能性，像是体育场照明，道路也因此失去了上海的感觉。

2015 年摄于上海

拉斯维加斯式的灯光

说上海是中国近代崛起的一个“光”缩影也不为过，当一栋又一栋摩登的建筑大楼拔地而起，西方建筑师告诉业主说：“国外的大楼都有灯光设计，你的大楼是否也要设计一下呢？” 这时传统灯红酒绿、大闪其光的夜上海印象，立刻在业主脑海里波荡，于是最亮的 LED 灯、最炫的动态灯光，全部被搬上建筑立面一较长短！最好是灯光可以像舞池的水晶球那样转啊转，熠熠生辉，把上海的每个夜晚都照得明艳动人。

这或许不是建筑师的本意，但是仍然在上海造就了近乎疯狂的拉斯维加斯式的灯光竞赛，这样的竞赛在 2010 年上海世界博览会（下称世博会）达到巅峰，整座城市到了晚上活脱就像是一个旋转激光灯光球，热闹而俗气。

当时我们受到英国照明设计师凯特·威尔金斯女士的邀请，以照明设计顾问之名，协助她一起改善世博会英国馆的照明工程。

话说在世博会上，英国馆号称是整体灯光最美的建筑，于是英国大使馆的一群人也满怀期待到了现场，但却落了一场空，非但没有被灯光惊艳到，甚至还以为根本没有开灯。这事很快传到威尔金斯女士的耳里，隔了几天带着我们一起到现场勘察，她问我有什么想法？

我当时还沉醉在英国馆蒲公英概念建筑物的震慑之中，着实没有看到他们说的问题；但是在抛开感性之后，便发现问题的根本所在：气质出众、暧暧含光的英国馆，背后是刚刚装上七彩 LED 灯的卢浦大桥，整座桥所有能装灯的地方都密密麻麻地装上了灯，线性的、投光的、轮廓的，还有向外发射的高空投光灯，当夜晚灯亮起来时，四面八方都亮到让人无法直视。而在卢浦大桥前面的英国馆，活脱脱就像走错台的演员，和整个舞台格格不入，有一种残忍的疯狂喜感。

要解决这个问题不难，但有些不舍（因为会破坏原有的灯光设计），只能被迫地额外加些建筑的投光灯，增加馆外的亮度，才不至于在夜间被卢浦大桥的强烈光线笼罩，看起来尴尬得就像是没有开灯。

世博会之后，这股灯光热情没见消退，上海的夜景灯光还是夸张地推陈出新，每当有朋友造访上海，我的社交软件动态上，总是能看到一张张华丽铺张的摩天大楼群夜景照，大家似乎已认定这面沿着黄浦江展开的奇异缤纷灯光秀，就是上海这座“魔都”的代表景致。

更有趣的是，每过一阵子在新的分享照片中，总会发现有新的建筑物加入，而且输人不输阵地利用灯光争奇斗艳。或许正是这种“一年一小变，三年一大变”的快速变迁态势，使上海从改革开放以来，仅四十年余光景就跻身国际大都会之列，并且还以一种“积极”的方式持续前进中。

上海其实早就在世界舞台上崭露头角，在 20 世纪 20—30 年代，那个时候上海虽然还没有浦东，但也已经灯红酒绿、歌舞升平，不仅汇聚世界各国人士到此淘金寻欢，街路、商家或住家使用的路灯或油灯，也与世界各大都市如纽约、巴黎并驾齐驱，全中国第一盏电灯和亚洲第一盏路灯便在上海亮起，让上海拥有当时最进步的技术。

我想是从那个时候开始，有“东方巴黎”美称的上海，就成为一个不缺光的城市，如今还可以在部分街道区域寻到一些蛛丝马迹，遥想 20 世纪的风花雪月。不过说来也奇怪，从 20 世纪上半叶到 21 世纪的现在，上海经过大破大立快速发展阶段，我们可以明显地看到旧与新，但中间的点点滴滴却仿佛消逝不见。这样的情景，就像是听音乐的历程，一路从留声机、收音机、唱盘、卡带、CD 听到 MP3，但上海却是直接从留声机跳到 MP3，于是浮现在眼前的闪闪灯光，徒有华丽外表，却没有深厚基础的内涵，容易显得浮面，宛如置身虚幻的电影场景中。

案例 7 | 孟买——煤油灯与节日彩灯下的生活

对我来说，印度是个宗教色彩鲜明，民族文化浓厚的神奇国度，加上仍处在经济发展阶段，各地依旧保有独特的生活方式，尤其节庆和信仰，始终是印度人生活中不可或缺的两大部分。平常印度人可能为了赚取收入，求生活温饱而终日忙碌，但只要重要节庆一到，无论贫富贵贱，大家都会换上自家最华丽的衣裳参与各项庆典，挤满街道，一起祈祷、舞蹈和歌唱。这些传统庆典中，许多跟灯火有着密不可分的关系。像是一年一度的排灯节，每到了印历八月，印度家家户户无不张灯结彩，然后在自家门前或窗台，点燃为数众多的小蜡烛与油燃灯，为新的一年祈福。

传承文化与寄托希望的点灯仪式，时至今日在印度各地，已演变成不同形态的灯光秀。印度迈索尔皇宫是全印度面积最大，参观人数仅次于泰姬陵的皇宫。每到假日晚间七点，会在同一时间点亮将近 97,000 多颗灯泡，提供给民众与旅客免费欣赏。因此在点灯之前，广场上通常已挤满兴奋的人潮，期待看见灯光亮起的那一刻，然后当真正见到灯光亮起那瞬间，所有人都会不约而同地齐声欢呼。

这幅灯火通明的壮观景象，对幅员广阔的印度来说，人们很少有机会能看到如此光彩夺目的美丽景致，因为许多地区仍十分缺乏电力能源，所以在这一个钟头的点灯时间里，便可以从印度人脸上浮现的笑容与崇敬之意中，强烈地感受到他们的乐天知足性情，这使得他们即便生活还不够充裕，却善于替自己寻找满足与快乐，并愿意跟大家分享心中的任何美好事物。

来到印度首都新德里，1921 年由英国殖民政府兴建的印度门，是为了纪念在第一次世界大战中身亡的印度士兵，整体建筑高达 48.7 米，顶端设计有一个圆石盆，这其实是一盏大油灯，每逢重要节日，盆内会注满油，点燃起一米高的火焰，象征英勇战士的不朽生命。近年来，因为印度门四周绿草如茵，又是重要的地标景点，于是开始规划灯光秀，希望与油灯火焰互相辉映。

对现代印度人来说，新潮的灯光表现手法，似乎更能展现他们的乐天本性，因为人造照明发出的光与热，既深远又明亮，很适合用来烘托热闹欢愉气氛，以及象征对未来进步繁荣的期待。然而不论是排灯节的蜡烛油灯，迈索尔皇宫为数众多的灯泡，或者印度门的灯光秀，光对印度人生活的深层意义，其实都跨越了过去、现在与未来，他们希望借此点亮的是刹那却永恒的绚烂力。

行走在孟买市区内，每条街上都有还在使用油灯、蜡烛来照明的家庭，或许是因为印度的基础建设还不够使家家户户有足够的电力来照明和使用家电，于是传统照明工具仍随处可见。这也让我每每造访孟买，都可以观察到不一样的人造光源使用状况，仿佛来到人类刚发明人造光源的那个时空点，住家里通常会有几盏钨丝灯泡，但煤油灯或蜡烛依旧在同一时空里亮着。

对于身为照明设计师的我来说，确实有时为了增加餐厅、饭店等商业空间气氛情境，会在空间中加入蜡烛、油灯，或者让蜡烛漂浮在水上当成装饰，希望通过怀旧新用的设计手法，展现灯光比较有个性、有机的状态，不过在孟买，这些传统光源不是为了气氛，而是他们真正的寻常生活。

此外，街道巷弄中偶尔出现的水果店，整间店面都是使用传统的黄色光源，但是堆放水果的摊位上面却特地悬挂日光灯，不清楚是日光灯比较便宜，或摊主想要省电，但我宁愿相信，他们是认为日光灯打在水果上面比较好看，能让红色、青色、黄色等不同种类水果显得鲜艳好吃，形成一种与周围环境相和谐的视觉反差。

当然就某一方面来说，这种反差可以归因于技术不够发达，像是入夜后走在孟买街上，道路两侧的路灯照明度很低，只有路灯下方是亮的，一盏与一盏之间的区域则呈现阴暗。其实我挺喜欢这种情境，因为可以看出这条路的节奏、个性与反差，有趣又特别。

关于灯光这件事，孟买一方面积极迈向未来，另一方面还是很开心地拥抱过去，保留人造光源刚被发明时，那种还在摸索如何使用的情景。也因为这样，在孟买很容易从一条没有路灯的马路，转个弯，眼前就矗立整栋灯火通明的星级饭店。传统老旧和崭新现代，大喇喇地在一旁对比反差，呈现一股极端饱和的状态。

这种饱和不像某些东南亚国家那样带有燥热感，而是所有城市布局与灯光情境显得浓烈与绝对，不是很亮、很新，要不然就是什么都没有，最妙的是他们并非故意造作做出怀旧感，而是很自然地共存在那，没有任何一丝尴尬与犹豫，Incredible（不可思议）！

第四章

光与未来

01

与有生命力的灯光对话

TALK TO

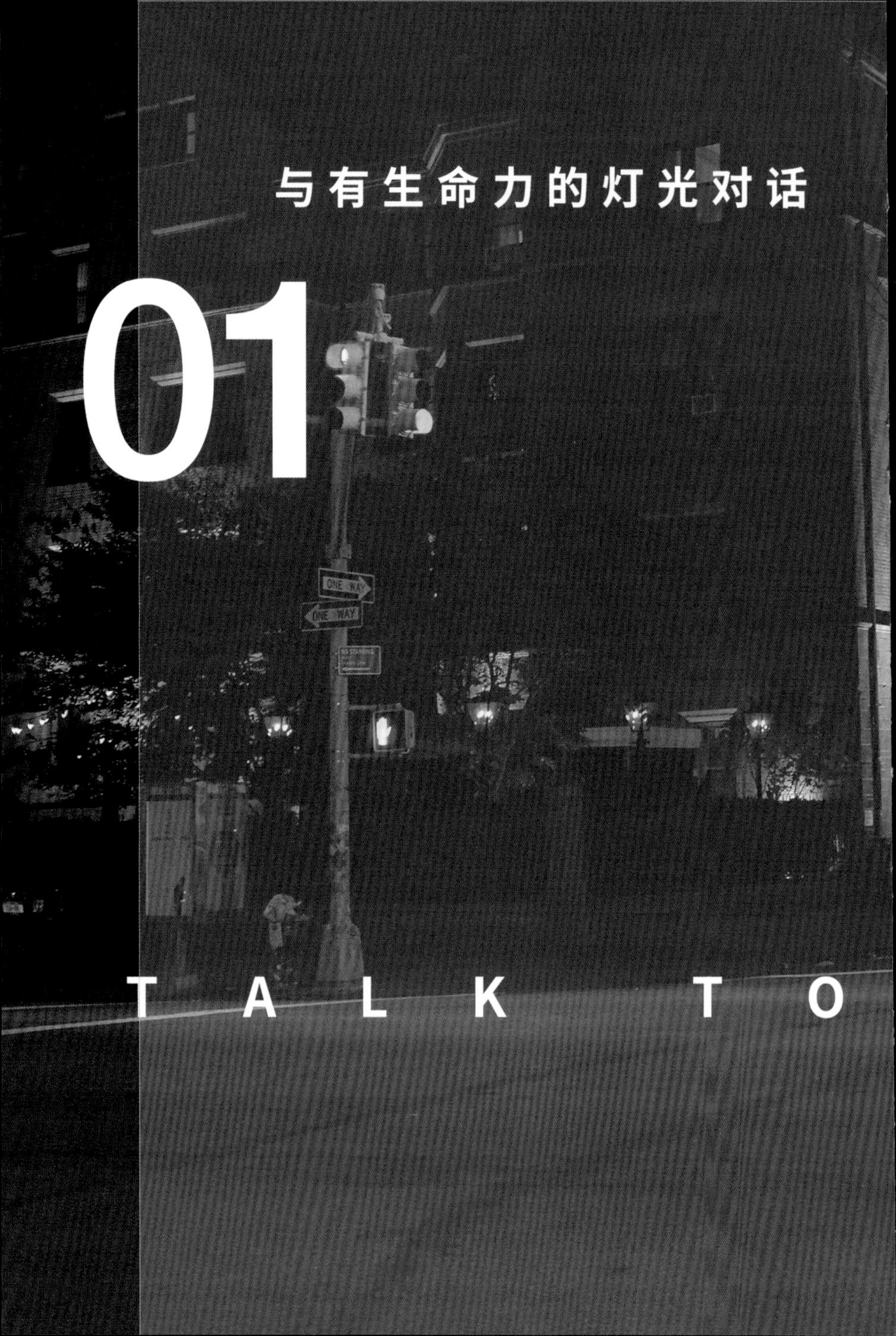

L I G H T

2015年摄于纽约

城市里最令我着迷的部分就是交通。每个城市居民习惯的出行方式都不一样，很少有像日本一样，全国各地的居民都喜欢搭电车。即使是在美国纽约，地铁和日本一样发达，但有人会选择坐公交车或出租车，而到了芝加哥又可能行不通。

台北的大众运输方便，有公交车、捷运，但到了台中、高雄，就少有人会搭捷运。上海是个适合走路的城市，去很多巷弄的距离步行可到。但到了北京，有很多地方是走路走不到的，即使是近在咫尺的地方；但有时候走路可能比坐车还快。

每个城市对于交通出行这件事，皆有不同的想法。白天比较单纯，就点到点的移动。到了夜晚之后，灯光就扮演重要的角色。街道的亮度取决于流动的速度。流动得越慢灯光越暗，流动得越快灯光越亮。这是吸引力法则。

例如，火车本身会移动，经过的道路基本上是不需要光的。因此，从一座城市到另一座城市，中间可以是暗的。道路规划时，如果不考虑使用率，而将所有的道路灯光都规划得一样亮，这会造成司机的困扰，一路开车，沿路都一样亮，树不长了，花也不开了，更不用说种植水果了。因为这样的道路灯光设计，会让植物没有休息的时间进行光合作用。

城市函数，包括人口数、住宅及商业空间相关数据等综合统计，当超过某个数值后会出现一个指针（等级），依照此指针等级规划亮度，每个等级亮度是多少等。在当时，这是非常前卫的概念。道路系统安置自动监测装置，车子来了灯才会亮，当有车子来的时候，灯光会慢慢亮起来，

2015 年摄于纽约

随着车子远离渐渐变暗。如果一直有车流，则会一直亮着。因此灯光是浮动的。这是一种未来道路灯光设计时要思考的问题。

人行道的亮度必须依照人口密度调整，而不是全部一样亮晃晃的。人口聚集的地方可以亮一点儿，但人口密度低的则可改成比较偏昏黄的灯光。灯光应该要有一个依循的浮动标准可以参考，而不是套用一种无法变更的制式化标准。例如住宅区，到了深夜时，可以考虑将道路灯光关闭或者将亮度调低。商业区则有商业区的标准，例如金融中心，某栋楼有八九十层高，里面进出的人众多，活动时间长，可能还有商场、餐厅、电影院等公共场所，再加上附近的道路也很宽，适用的可能就是比较白，比较亮，甚至晚上可以一直开着的灯光。

城市的肌理可以依据此调整的话，道路就不会有问题。我也提出过，道路灯光可以有不同层次。有一种是只有车子通行的，例如高架桥、高速公路；有些是人车皆有的，要思考的是以车为主或以人为主。如果是以人为主，均匀度就不要那么强。国内的一些高速公路就很不均匀，常常是忽亮忽暗，很容易造成开车的人不舒服。但如果是以人为主的道路，就可以走走变暗或走走变亮，很有情调，只要能找得到路就可以。高速公路就必须要均亮，让人能很清楚地看到前方的路，一路到哪里。如果是单纯针对行人走路（车辆少），沿途的景观比较重要。

我的作品之一——中新南京科技岛是一个没有工业的科技示范岛，这是我第一次参与一个从初期规划时就将灯光纳入总规划蓝图里的项目，道路规划也依照蓝图开发。项目的灯光规划有一个准则依循，并且也规划好未来的 50 年灯光可能的发展改变，亮度会依照城市的发展调动（亮度是浮动的）。

2012 年，我接受了一项竞赛邀请，规划一个位于中国南京，充满野心的科技岛的灯光。基地位于长江河道中间的江心洲，约有 15 平方千米，是一个总面积比台北市信义区还大的狭长形沙岛。南京市政府和新加坡

2015 年摄于纽约

2015年摄于纽约

政府团队共同合作，准备进行一系列开发计划，建设这块已经绝无仅有的市中心处女地。计划开端，大家都有共识要将这个岛开发成一个科技、可持续的示范城市，并且希望整体的规划跳脱既有的城市形态，以满足未来世代的生活需求。

将近4年的时间，从接受委托开始，经过不断调查研究，不停歇地汇报讨论，这个科技岛的轮廓渐渐成形。我们无时无刻不想着的，不是如何做灯光设计，而是未来到底是什么样？喜欢看科幻电影的我，总会不断地幻想着，未来住的建筑、车子是什么样子，甚至穿的衣服，人车往来的街道还是现在这样吗？在这之前，似乎很少有机会想象未来的灯光是怎样的。如果20年后的城市有了新样貌，灯光是不是也应该跟现今的形态大不同？灯光又该扮演什么样的角色？甚至，在未来，人造光源的灯具还会存在吗？ 这个企划仿佛是一个楔子，牵引出一连串的疑问，帮助我像是写科幻小说一样，一步一步构思一座未来城市以及光可能的发展方向。

2015 年摄于威尼斯

在我的脑中，一直有两个主轴非常清晰。第一层是“和谐共生”，这个共生建立在假设未来人居住的城市不再以重工业为基础，想象中的人口高度密集的城市，大概只会保留住宅区与商业区，农业区也会回到城市里或边陲地带。人类应该学习重新与自然和谐共处，通过学习观察其他生物在地球上生存的环境，再反推论回来，去思考植物或其他生物生存需要的光环境，降低人造光对自然环境的干扰。进而创造灯光、城市与自然共生的理想城市光环境。

第二层想象则是善用控制的潜力，赋予灯光生命力，进而跟人、建筑、环境产生互动，甚至自主调控。想象在未来的城市里，灯光规划很可能将依照两条轴线进行呈现：一条是距离横轴，用灯光来勾勒高高低低的城市建筑天际线，创造人类视觉上的城市意象；另一条则是时间纵轴，灯光可以依照人类活动需求进行调整，需要的时候自动将灯光打开，不需要的时候渐渐变暗或者自动关闭，等到有需要时再打开。

一座未来城市的灯光概念渐渐成形，其实并非遥不可及的幻想。

亮与不亮，

02

A LIFE

光也有规律性的生命周期

O F L I G H T

2015年摄于纽约

从第一盏人造光源在城市出现的那天开始，一直发展到现在，人造光源历经了不少次的革命，主要都是为了追求亮度和效率，直到近代发现照亮夜晚早已经不是问题，反而城市会因为过剩的光亮而显得无趣，甚至影响到其他生物的作息，于是出现各种降低照明亮度的研究以及提倡减法设计的方法，慢慢受到重视并成为主流。然而我觉得，一味地加光或者减光，都不是值得推崇的未来城市发展准则。我们不妨从人造光源的发展历史看起，虽然全球灯具形式都大同小异，但是在不同的城市中，由于建筑形式、环境、文化涵养和使用习惯等因素的影响，居民可以创造出不同的灯光运用方式，如果设计师依据这些生活习性和文化，来规划适切的灯光，同时尊重其他城市元素和谐共存，这应该才是更好的发展趋势。

在未来，有了科技助一臂之力，灯光更具有全球化发展的特质。5 年到 10 年之间，灯光手法或许不会有太大变革，依旧在满足人类生活需求为前提下进行规划，但还是会有稍许的不同，就如同我们所打造的中新南京科技岛的案例，在前期投注心血和研究，一心一意要打造出一个未来城市光的模板，并且将全新的概念注入到科技岛的骨髓里，但是在后期反转使用灯光为了自己的观念，变成以设计出友善生存环境为出发点，设计概念回归自然初衷，更尊重一起生活在地球上的生物。而我想象这种光，是仿效盘古开天以来就存在地球上的光影。该亮就亮，该暗就暗，却有规律性的生命周期。

如果现在问住在城市里的自己，为什么我们需要灯光？相信大家的答案不外乎是：家里不够亮，办公室不够亮，或者是晚上看不见，想要有安全感等答案，所以追根究底，我们需要光的主因，即是希望身处在一个越亮越看得清楚的地方，这导致全世界各地，只要有能力把灯光做到最亮，无论生活住家、建筑外观或马路街道，就会一味地亮上加亮，从“亮”的角度进行灯光布局规划。在这种情况下，我觉得真正对人造光源该提出的问题是：光能为我们做什么？光对于城市而言，不再只能满足务实的单纯需求了，还能起到可以满足精神需求的作用。当我们把灯光提升至文化论述的层面，提及灯光设计的同时，也该谈谈背后附属的生活习惯、历史文化，对环境的影响和关怀。

或许我们会有所疑问：下一个时代，光还会只是光吗？人造光已经深入人类生活，在城市中成为密不可分的重要元素，所以在未来，并不会因为我们希望保护环境而消灭人造光，相反，我相信人造光终究会内化成另一种城市的“显文化”，融入日常生活、建材元素和自然环境之中，而不再是事后附加上去的一个装点层次。

近代随着环境意识的抬头，当提及节能议题时，大多数人已经能够或多或少警觉到城市灯光的数量和亮度问题，特别是当能源与资源越短缺，我们就更应该让灯光的建置回归生活基本需求，需要多少的光就用多少的光，该多亮就多亮，而不是过度地要求所谓的亮度。

回首过去有了人造光源的这一百多年来，因为人类发展希望赶走黑暗，我们在世界各城市大量设置灯光，这些过度的使用，不但造成能源浪费，也危害其他生物的作息。现在灯光已经成为城市发展的一个重要篇章，必须设想一个完善的未来对策。

我们都期待一个更明亮的未来，但指的不是灯光更亮，而是更聪明、和

光观察，

03

LIGHTING

反思人造环境与自然的共生共存

AND NATURE

2015年摄于威尼斯

┐

2012 年我有一个难得机会，可以近距离观察台北的光环境。因为生产投影机的中强光电企业想成立基金会，请到林怀民、蒋勋、林大为等人列名董事，经由蒋勋老师建议，认为投影机是跟“光”高度相关的产业，何不成立一个推广认识光环境以及打造良好光环境的单位？于是有了“中强光电文化艺术基金会”的诞生。

后来我被聘请为顾问，彼此在理念上算是一拍即合，因为我一向认为灯光设计不只是关乎于“开灯”“关灯”的动作，而是需要做到光的减法，因为这同样是建构良好光环境的重要一环。这个理念与基金会认为灯光需要“留白”，如果全都亮成一片，便感受不到光之美的想法如出一辙。呼应基金会的成立宗旨，希望激发社会大众认识周遭的光环境，我大胆提议何不举办“光侦探”活动，针对台北各个区域的光环境进行踩点探究。会有这样的想法，其实是受到日本知名灯光规划师——面出薰在 1990 年发起 TNT 国际照明侦探团活动的影响。

面出薰认为，日本很多人从事着灯光设计一职，直接或间接地导致环境越来越亮，却没有人反向思考，所有环境被照亮如同白昼是件好事吗？会不会有些环境太亮反而容易造成困扰？于是借由 TNT 国际照明侦探团活动，鼓励每位市民对所居住的城市光环境提出看法，并且鼓励市民与专业照明设计师一同走进城市的各个角落，挖掘所有灯光陈设的蛛丝马迹，分享哪些灯光是好的？哪些灯光又是不必要？当有了广泛的讨论交流，大众便可以认清好的光环境该是何种样貌，这样的活动等于建立社会群体共识，一步步实践我们真正需要的光环境。

这个可以说是台北首次举办的“光侦探”活动，报名出乎意料的踊跃，参与者的背景、职业范围也相当广泛，珠宝鉴定师、设计师、银行职员。但无论有没有专业灯光设计背景，是不是台北人，大家都一起发掘信义区和西门町的不同光环境。

记得活动那晚大家显得格外感性与敏锐，不时惊呼周遭竟然有这么多出乎意料又常常被忽视的灯光，甚至还发现有些灯光很“奇怪”，譬如行道树上有着整夜开着的装饰灯，路灯很亮但广告灯箱更亮等现象。他们的直觉反应，恰恰印证我在纽约课堂上所学：好的光环境，不见得每个人可以明确指认出来与讲出来，但不好的光环境，却很容易脱口指出在哪里。

“光侦探”这样的活动，虽然只有短暂一晚的时间，但因为贴近日常生活，学员们收获甚丰，他们私底下更共同组办了社团，开设 Facebook 粉丝专页，继续分享所看见的光环境照片，仿佛下班后真的变身为光侦探，勘察居住城市在入夜后到底是什么模样。至于职业为照明设计师的我，在大家的热烈参与与回馈中，除了再度审视自己的社会责任，借由第一线走访勘察，也有了有别以往的新体验。

像在信义区，很容易发现这些年，台北的灯光不再只是追求亮，已经懂得要亮得有感觉，有品位，无论是台北 101 大楼的地标性光雕，或者每一栋新建大楼，都有各自的灯光设计，呈现出经过规划的当代城市景色，如同美国的纽约、芝加哥这类大城市。至于西门町的灯光，节奏与亮度截然不同，应该跟西区属于旧聚落有所关联，每一转角交错着不同时期的建筑，加上建筑高度较矮，一楼多是商店与摊贩，户外大屏幕也比较多，使得光环境是喧哗热闹的，散发一股年轻躁动气息。两相比较下，会发现台北其实不算大，但东区跟西区有明显差异，恰恰反映着台北本身就是一座多元文化交织而成的城市。

台北“光侦探”活动结束后，一次因缘际会，我在国际灯光研讨会上，恰巧碰到面出薰老师，便提起台北举办“光侦探”的相关事情，又告知很希望他能够来台北。

面出薰老师听闻后相当高兴，欣然接受邀请，同样表明期待来台北推广这项活动。为了促成国际交流，背负重责使命的我，回来后找了“中强光电文化艺术基金会”与“学学文创志业”合作，终于促成 2013 年 9 月在台北举办的第 11 届 TNT 国际照明侦探团活动。除了我和面出薰老师，还邀请到 10 位知名照明设计师，他们分别从德国、墨西哥、美国等国家远道而来共襄盛举。

在 12 位照明设计师带领下，报名学员分成 6 组，到台北各个角落去探索灯光。我记得很清楚，活动当天是个台风天，风大雨骤，撑雨伞都撑不住，仍不减大家兴致，全部改穿雨衣在街上漫步。即使全身湿了一半看似狼狈，但幸好是台风夜，街上没有太多车潮与人潮，更能够看见不同灯光照射下，干净的街景、商场、夜市、公园等台北场景。

活动最后一夜的结论报告，60 位学员分成 6 组，分享各自探索区域的第一手观察，他们当中许多不是台北人，对台北的光环境也不曾这么关心过，但借由这项活动，都发现原来台北不止一种灯光基调，而是共存着非常不同的多种灯光，展现出超过一般城市的生命力。

接着 12 位照明设计师，特别以“Pecha Kucha”（一种源自日本的 PPT 呈现方式，以简洁直接著称）方式，也就是通过 20 张照片，每张照片 20 秒的解说，跟将近 200 位观众分享置身台北光环境的初体验，主旨并非数落或批评台北的人造光源问题，而是引导大家学着从其他角度来看待台北，让大家惊觉原来生活周遭有这么多有趣的灯光，过去只是我们忽视罢了。

从“光侦探”到 TNT 国际照明侦探团，如今回想起来，不仅仅带给我的意义重大，势必也带给台北很大的震撼。第一层震撼应该就是认识光环境的意识真正获得落实，而且种子也已经散布萌芽，大众会越来越在意台北的灯光以及我们居住的环境；第二层震撼是请到了国际灯光设计大师，台北正式在世界灯光侦探地图上插旗，并且有了相关的光环境论述与讨论，与东京、巴黎等知名城市并列。这不过是短短一年的时间，实在是格外珍贵又令人骄傲！

04

让世界更美好，

OFFERING MORE AS A

一个照明设计师能做到的事

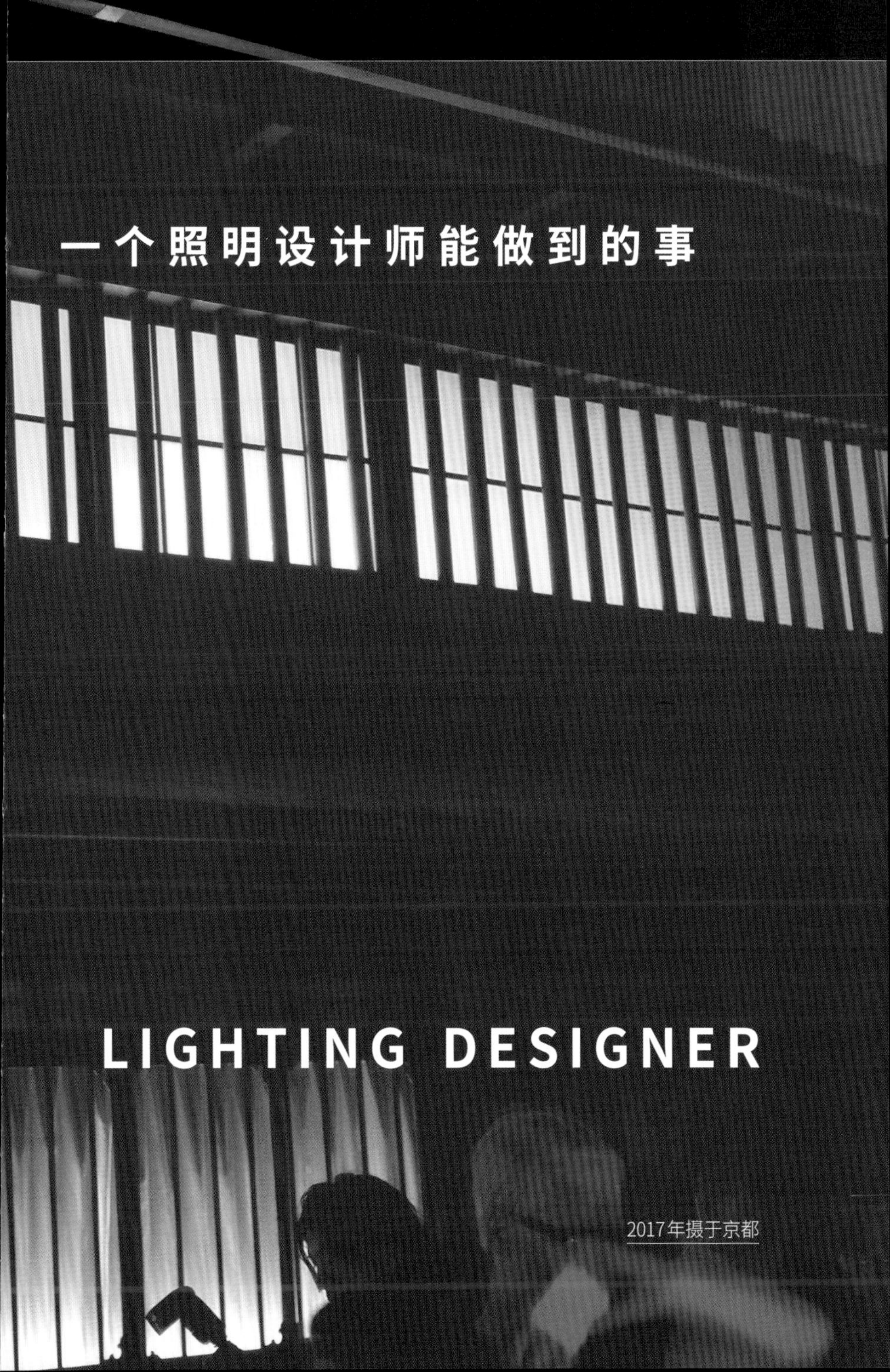

LIGHTING DESIGNER

2017年摄于京都

东京是一座很奇妙的现代城市，看似五花八门却呈现一致性；看似整齐划一但又流露创意活力，灯光就是其中重要一环。不论是台场、晴空塔和东京车站，整个灯光设计的思维脉络都是不断转变着的，甚至近几年因为“3·11”日本地震，东京人又开始着手开发更多灯光可能性，包括应限电而推出的减少开灯或降低亮度等相关措施，都或多或少影响了东京夜晚的风情。

几年前，我曾在东京听过石井干子（Motoko Ishii）的演讲，已经年届80的她正是彩虹大桥的照明设计师，也是日本甚至亚洲最早的专业照明设计师之一，被尊称为日本照明设计界的教母。在那一场演讲中，她的优雅言谈和内容让我至今未能忘怀，其中最感动的莫过于她说到“3·11”日本地震之后，全日本面临限电危机，以往光鲜亮丽的东京街头，陷入一片前所未有的萧瑟暗淡，平时给人安全感的亮度全都不复见，只剩下基本的照度，走在东京街头，灯光变少了，行人脸色又严肃暗沉，整座城市让人觉得非常不舒服也不开心。

身为照明设计师的她，认为在这个艰难时刻，应该替社会做些什么，她鼓舞大家振作起来，于是思考后提出了一个计划，请她的设计团队来到东京铁塔的观景台，运用简单而较不耗电的日光灯管排列出“日本加油”字样，这些日光灯管的电力，则是动用几台厂商提供的电动车，从地面往上传输。

如此简单却明亮的白色灯管，在东京夜空中充满力量地被点燃了，当东京市民抬头仰望时，虽然东京塔暂时不能像之前那样披上华丽灯光，但充满疗愈的日光灯适时地抚慰人心，提醒大家再糟的天气都会过去，明日的太阳依旧会出来，又是崭新的一天，大家一起加油！

听完演讲后我久久不能自已，一结束就冲到石井干子前面自我介绍，表明我也是一名照明设计师，并且双手紧紧地握住她的手，告诉她我非常感动，受到很多启发，就像是一个忠实粉丝看到偶像那样内心澎湃！我以身为照明设计师而骄傲，这样的故事内容除了可以感动很多人以外，也给了我很大的动力，支持我愿意投入更多时间与精力，也让我除了商业项目以外的工作，更能投入公益性的灯光社会运动。

因为照明设计师不仅仅是一个设计光源的人而已，同时也是这个城市的一分子，这个城市的光品位，和我们每个人都息息相关。

其实社会上每一种专业，每一个人的工作，都具有影响社会的能力，也都应该肩负一份责任感。而照明设计师的社会责任，绝对不只在于提供良好的光环境，更重要的是去影响社会如何看待照明这件事，这是光能够给予明亮以外最大的社会价值。

在东京，我看到石井干子女士以照明设计师这个角色付出社会关怀；看到了面出薰前辈化身光侦探，引起大众对光环境的重视；而户恒浩人，作为新一代的照明设计师，则积极地通过新的照明技术和思维，试着架构出新的东京夜晚经纬坐标。从东京在照明设计的世代交替之中，从东京的变与不变，我们看到照明设计师对城市夜景变化的重大影响，这些设计也正潜移默化地逐步改变人们看待灯光的心态，也改变了我们看见的东京。

05

照明未来趋势，

IS SUSTAINABLE

THE ANSWER TO

可持续能源与灯光通信协议

ENERGY

THE FUTURE OF LIGHT?

2015年摄于纽约

电灯泡自从被爱迪生发明出来就彻底改变了人类的生活方式，经过多年演变，关于如何使用“光”，照明设计师们不仅要考虑照明应反映不同城市的文化与生活形态,也要不时提醒自己应该深刻思考使用光的方式，是否会对环境带来任何影响。

我认为未来照明趋势应走向灯光通信协议的开发与应用。在照明设备越加先进并易于取得的当今，许多建筑物在夜间的照明设计，开始流于一种“越亮越美丽”的错误观念，以至于产生人造光源不和谐的现象，其实“亮”是相对性的，并非用绝对数值去定义何谓亮与不亮的标准。我预料之后建筑所使用的灯具，会内建一种接收信号的高端装置，通过中央控制室，统一调配整座城市环境的明暗变化。

有了灯光通信协议，便可以针对使用环境现状做出实时调整，例如路灯，可以考虑行人使用的时间，去设定不同明暗程度。若灯光能在不同的使用时间，做出适当的照明表现，整座城市的灯光节奏，就会像是跟使用者产生沟通对话，这不仅得以让人类获得更加舒适的生活体验，更能达到节能的效果，尤其在迫切地寻找解决能源问题方针的当下，绝对是十分值得去思考的重要环节。

除了建立灯光与使用者的关系，照明趋势还需要通过设计来达到合理使用规划，特别是照明规划对于环境的影响，十分需要被高度重视。例如一整晚亮着的路灯，绝对会严重影响道旁树的生长，原因在于这些人造光源，会让植物无法分辨白天黑夜，也无法休息，无时无刻不在进行光合作用，导致原本可以结果的树种，失去了天赋本能。

对此，我认为或许可以通过研究人类与植物“可见光波”的不同，运用两者的差异，考虑照明设备的选用，然后进行照明设计规划时，便可以再通过布灯位置的选择，灯具光源角度的控制，确保人造光源不会直接照射到植物。诸如此类，都是源于对环境的友善设计，希望提高使用者安全便利之余，也尊重所处环境中的其他物种生命。

未来照明趋势跟人类、环境的关系，必须建立在可持续能源之上，尤其在照明几乎被滥用与误用的现今，如何让灯具能够永远绽放光亮，取决于能源要能够取之不尽。

关于这一点，我的思考方向是，让能源得以足够回收与循环利用，进而达到可持续的目标，就像是 2012 年我在参与新加坡灯光艺术展时，便通过对于未来光世界的想象，与设计团队共同打造出一项名为《光坝》（The Light Dam）的设计作品，其主要的设计是由数十个塑料充气小方盒所组成，每个单元内皆有可以吸收光能转换为电能的装置。

虽然这只是个短期展出的艺术作品，但未来我们若能在思考灯具设计与规划灯光布局时，综合运用到前面提及的灯光通信协议、可见光波差异性研究以及能源回收再利用的研究，这些未来新科技势必将对整体大环境产生长远且良善的影响。

未来的光环境，

06

HARMONY BETWEEN PEOPLE,